OHNE
BAYERN
KEIN
BIER
OHNE
BIER
KEIN
BAYERN

Günter Albrecht, Luitpold Prinz von Bayern

OHNE BAYERN KEIN BIER OHNE BIER KEIN BAYERN

500 Jahre
Bayerisches Reinheitsgebot

Volk Verlag München

Titelbild: Originalsiegel von Wilhelm IV., dem Erlasser des Bayerischen
Reinheitsgebots

Die Deutsche Bibliothek verzeichnet diese Publikation in der Deutschen
Nationalbibliografie; detaillierte bibliografische Daten sind im Internet über
http://dnb.ddb.de abrufbar.

© 2016 by Volk Verlag München
Streitfeldstraße 19, 81673 München
Tel. 089 / 42 07 96 98 - 0, Fax 089 / 42 07 96 98 - 6
Gesamtherstellung: Volk Verlag, München
Druck: F&W Druck- und Mediencenter GmbH, Kienberg

ISBN 978-3-86222-214-8

Lust auf Bayern? www.volkverlag.de

INHALT

**Bavaria tränkt den bayerischen Löwen –
natürlich nicht mit Milch.**

„Bayern nun war, wie noch heute, so auch schon in der germanischen
Urzeit hauptsächlich Getreideland, weshalb bereits die Boemen, Baoarier, etc.
zu ihrem Lieblingsgetränke einen Getreidesaft, d.h. das Bier erkoren hatten.
Von diesen ihren Vorfahren haben die Bayern alsdann hohe Tapferkeit,
reinen treuen Sinn und echte ungeheuchelte Frömmigkeit, aber auch jenen
halbbarbarischen Durst geerbt, der sie vor den Augen der Welt mit einigem
Grund als erstes deutsches Biervolk erscheinen lässt".

MÜNCHNER BIER-CHRONIK (1888)

VORWORT

Die Unterzeichnung des berühmten Reinheitsgebots jährt sich 2016 zum 500. Mal. Das älteste noch gültige Lebensmittelgesetz der Welt wurde von den beiden bayerischen Herzogsbrüdern Wilhelm IV. und Ludwig X. erlassen und war die wesentliche Grundlage für die Bedeutung des bayerischen Biers. Neben seinen anderen wichtigen Inhalten definiert das Reinheitsgebot bis heute das Produkt Bier: Bier ist ein Getränk aus Hopfen, Malz und Wasser.

Diese klare Begriffsbestimmung vermittelt dem Verbraucher ein klares Bild des Produkts Bier und grenzt es von anderen vergorenen Getränken ab. So wie man bei Wein ein Getränk aus Trauben erwartet, so darf man bei Bier in Bayern die Zutaten Hopfen, Malz und Wasser erwarten.

Das Reinheitsgebot ist ein echtes Lebensmittelschutzgesetz, das kein anderes Gewürz als Hopfen erlaubt, eine altbewährte Pflanze, die antiseptische und beruhigende Wirkstoffe enthält. Damit wollte man die Verbraucher vor Vergiftungen durch die früher eingesetzten, Rauschzustände erregenden Giftpflanzen schützen. Und nicht zuletzt sollte das Reinheitsgebot in einer Zeit häufiger Hungersnöte mit der Beschränkung auf Gerste das Brotgetreide vor der Verwendung zum Brauen schützen.

Die Mitglieder meiner Familie haben das Brauwesen seit 1260 durch eigene Brauereien und durch Gesetzgebung begleitet – nicht zuletzt auch als kritische Genießer. Bier ist und bleibt quer durch alle Gesellschaftsschichten Bayerns ein verbindendes Glied unserer Kultur. Dies wird – allen Angriffen auf das Reinheitsgebot zum Trotz – hoffentlich auch in den nächsten 500 Jahren so sein.

Und so bleibt mir nur mit dem Spruch Wilhelms IV. zu grüßen:

„Du gfreist mi!"
Luitpold Prinz von Bayern

OHNE BAYERN KEIN BIER ...

... das versteht sich fast von selbst! Da ist das größte Volksfest der Welt, ein bierseliges Spektakel, das mittlerweile tausendfach kopiert wird mit „little Oktoberfests" in Brasilien und China, Süditalien und den USA. Erfunden aber hat es Bayerns erster König, Maximilian I. Joseph, der ein eher bescheidenes Pferderennen anlässlich der Vermählung von Kronprinz Ludwig zu einem bayerischen „Nationalfest" umwidmete.

„In München steht ein Hofbräuhaus ...", auch diesen Spruch kennt man weltweit und das Hofbräuhaus ist ein Sehnsuchtsort, der ebenfalls weltweit seine Nachahmer findet. 1598 beschloss Bayernherzog Wilhelm V. ein „aigen Preuhauß" zu errichten, um seinen trinkfesten Hofstaat günstiger mit Bier versorgen zu können.

Und dann ist da das Bayerische Reinheitsgebot von 1516, das die Bierkultur seit 500 Jahren entscheidend geprägt hat. Herzog Wilhelm IV. und sein Bruder und Mitregent Ludwig X. legten 1516 fest, dass in ein ehrliches Bier nichts anderes gehöre als Wasser, Gerstenmalz und Hopfen.

Oktoberfest, Hofbräuhaus und Reinheitsgebot, alle drei auf bayerischem Boden unter der Herrschaft der Wittelsbacher entstanden – kein Zweifel: ohne Bayern kein Bier. Der Umkehrschluss ist überraschender: ohne Bier kein Bayern. Aber auch für die Behauptung, dass ohne Bier Bayern in seiner heutigen Form und Größe nicht existieren würde, gibt es gute Gründe. Und die Leser dieses Buches werden nach der Lektüre sicher einverstanden sein mit der Aussage: „Ohne Bayern kein Bier – ohne Bier kein Bayern!"

GERSTL UND GEIFER –
DIE URSPRÜNGE DES BRAUWESENS

Das werden jetzt die Bayern nicht gerne hören! Aber man muss der Wahrheit die Ehre lassen: Mit der Reinheit des Biers haben sich nicht erst die Wittelsbacher an der Wende vom Mittelalter zur Neuzeit auseinandergesetzt, nein, das Thema beschäftigte die Menschheit schon viel, viel früher. Man könnte sagen: Kaum hatten die Menschen die Schrift erfunden, da formulierten sie ein Reinheitsgesetz fürs Bier, und zwar eines, das jeden Verstoß mit harten Strafen ahndete. Denn bereits im 18. Jahrhundert vor Christus ließ der babylonische König Hammurapi I. in Stein meißeln: „Bierpanscher werden in ihren Fässern ertränkt, oder so lange mit Bier begossen, bis sie ersticken".

Schon damals wurden die meisten Biersorten aus Gerste gebraut. Und in den Gasthäusern an Euphrat und Tigris muss ein schwungvoller Tauschhandel im Gange gewesen sein. Denn seinen Dämmerschoppen beglich der Babylonier nicht in barer Münze, sondern mit Naturalien. Er musste dem Wirt das Bier mit Gerstenkörnern bezahlen. Wirten, die statt Gerste Silber annahmen, drohte die Todesstrafe. Ein probates Mittel, eine Überschuldung trinkfreudiger Bauern zu verhindern. Wer keine Gerste mehr im Kasten hatte, blieb auf dem Trockenen sitzen. Dass sich der alte bayerische Begriff „Gerstl" für Geld von diesem Verfahren ableitet, ließ sich bis jetzt leider noch nicht nachweisen.

Im Altertum war das Bier allgegenwärtig. Die Sumerer tranken es und die Arbeiter beim Turmbau zu Babel. Die Ägypter glaubten, ihr Gott Osiris habe der Menschheit die Braukunst geschenkt. Was den Trank so begehrenswert machte, dass vornehme Nil-Anrainer nie ohne eine Sänfte, die von zwei Sklaven getragen wurde, ins Bierzelt gingen. Sie hätten sich auf dem Rückweg sonst schwer blamiert. So, wie der Sprössling eines

10

ägyptischen Schreibers. Die mahnenden Worte des Vaters an den Sohn sind uns überliefert: „Übernimm dich nicht beim Biertrinken. Du fällst hin mit schwankenden Beinen, und keiner reicht dir die Hand. Wer kommt und dich sucht, der findet dich im Staub liegen wie ein Kind."

Eine Ermahnung, die manche Eltern noch heute ihren Sprösslingen, die zum Schützenfest oder aufs Oktoberfest ziehen, mitgeben könnten. Das Bier galt lange Zeit als problematisch, sein Ruf war nicht der beste, wie man sieht. Der Prophet Jesaja drohte 700 vor Christus den Israeliten: „Weh euch, die ihr schon früh am Morgen hinter dem Bier her seid und sitzen bleibt bis spät in die Nacht".

Und Aristoteles, der große griechische Philosoph, scheint mit dem Gerstensaft – und mit Wein – interessante Selbstversuche gemacht zu haben. Jedenfalls fand er heraus, dass Biertrinker im Vollrausch nach hinten fallen, wohingegen Weinsäufer seitlich weg kippen.

In diese schwankende Reihe fügen sich nahtlos die Germanen ein, über deren Bierkonsum Tacitus, der römische Geschichtsschreiber, 100 nach Christus schreibt: „Tag und Nacht durch zu zechen ist bei den Germanen für niemanden eine Schande. Zum Trinken haben sie eine Flüssigkeit aus Gerste und Weizen, welche zu einer gewissen Ähnlichkeit mit Wein vergoren wurde". Und Tacitus liefert in seiner Studie über die Germanen den römischen Legionären gleich noch eine Kriegslist: „Wenn man ihre Trunksucht fördert, indem man ihnen heranschafft, so viel sie begehren, dann werden sie ebenso leicht durch Laster wie durch Waffengewalt besiegt werden."

Und wenn schon! Sollten die Römer ruhig siegen. Ein germanischer Krieger wusste schließlich, was ihn unmittelbar nach dem Heimgang in der Schlacht erwartete. Der Einzug nach Walhall, der Wohnung der Götter. Und was stand an zentraler

Stelle Walhalls: ein riesiger Braukessel, so groß und unerschöpflich, dass sich alle gefallenen Krieger in Ewigkeit laben konnten. An einem Trunk, den der große Wotan persönlich mit seinem Speichel zum Gären brachte, wenn er gerade Lust und Zeit dazu hatte. Ansonsten war bei den Germanen wohl eine jungfräuliche Göttin namens Osmotar fürs Brauen zuständig. In einem finnischen Runengedicht wird erzählt, wie die Göttin verzweifelt versucht, mit immer neuen Zutaten ihren Gerstensaft zum Gären zu bringen, bis sie schließlich einen Marder ausschickt. Er soll ihr den Geifer eines wilden Ebers bringen. Und dieser, offensichtlich äußerst hefehaltig, bringt ihren ersten Sud zum Schäumen. Und schon singen die Germanen Osmotars Loblied:

„Gutes Bier entsteht aus Gerste,
wohlbekannter Trank aus Hopfen.
Doch entsteht nicht ohne Wasser
und des hitz´gen Feuers Hilfe.
Osmotar, die Bier bereitet,
nimmt sechs Hände Gerstenkörner,
sieben helle Hopfenköpfe,
acht der Kellen klares Wasser,
setzt den Topf sie an das Feuer,
machte das Getränk sacht sieden,
fasste es in neue Fässer.“

Und der Geifer des Wildschweins? Der hätte doch schön dazugereimt werden können: „Gießt dazu dann voller Eifer eines wilden Ebers Geifer“. Schon, aber dann hätte Osmotar sich ja nicht an die Vorschriften gehalten, die tausend Jahre später Wilhelm IV. im Bayerischen Reinheitsgebot festlegen ließ. Sechs Hände Gerstenkörner, sieben Hopfenköpfe, acht Kellen Wasser – ob der Bayernherzog aus dem Runengedicht abgeschrieben hat?

In Steintrögen brauten die frühen Germanen ihren „Freudentrank".

Es wird höchste Zeit, dass wir uns aus der Urschlammphase des Biers herausbewegen, weg von Götterspucke und Wildschweingeifer, von ertränkten Wirtinnen, trunkenen Germanen und einem taumelnden Aristoteles. Und hin zu dem, was Bier eigentlich ist: ein Gottesgeschenk. Niemand hat das trefflicher in christliche Worte gesetzt als Heinricus Knaustius, Doktor beider Rechte. Er verfasste 1575 „Fünff Bücher. Von der Göttlichen und Edlen Gabe, der Philosophischen, Hochthewren und wunderbaren Kunst, Bier zu brawen". Eine philosophisch hochwertige Kunst – die Bierbrauer werden's gerne hören. Und auch die folgenden Zeilen gerne lesen, in denen Knaustius das Bier buchstäblich in den Himmel hebt. Kaum war die Erde nach der Sintflut wieder getrocknet, da stellte Gott fest, „dass es nicht an allen Örthern des Erdkreiß Weinwachs hatte". Was tun? Gott sei Dank hat der himmlische Vater „die Leute der Örter, da nicht Wein erwuchsen, dennoch auch nicht vergessen, hat sie anstatt der Weinreben und Weins mit einer anderen Gabe gesegnet, da sie es nach der Sintfluss auch etwas besser haben söllten, als es ihre Väter für der Sintfluss gehabet hatten. Also hat er sie gelehrt, von Weitzen und Gerste einen Trank zu machen, der gesundt und lieblich zu trinken war, davon die Natur des Menschen nicht weniger zunemen, gesterket und erhalten werden könnte, als eben von Wein. Und sein also beide, Wein und Bier, Gottes hohe und wunderbarliche Gaben dem armen, gebrechlichen menschlichen Geschlecht zu guth, von Gott dem Herrn aus Gnaden mitgetheilt und gegeben".

„DER GEMAIN MAN SITZT TAG UND NACHT BEIM WEIN ..." – WIE DIE BAYERN VOM WEIN AUFS BIER KAMEN

Man würde gerne die Pläne sehen, die zwischen dem Baubeginn 1385 und der Fertigstellung im Jahr 1500 vom Hauptportal der Landshuter Martinskirche angefertigt wurden. Der spätgotische Spitzbogen, der den Eingang rahmt, hat nämlich zwei ganz unterschiedliche Seiten. Auf der einen ranken sich Weinreben empor, auf der anderen Hopfendolden. Und es wäre nun interessant herauszufinden, was ursprünglich für das Portal vorgesehen war: der Wein oder, vermittelt durch den Hopfen, das Bier. Schöner und prägnanter kann man ihn nicht darstellen, den Übergang vom Wein- zum Bierland, der sich im hochmittelalterlichen Bayern vollzog.

In der „Münchner Bier-Chronik" heißt es Ende des 19. Jahrhunderts: „Es scheint indessen, dass bis zum 17. Jahrhundert keineswegs das Bier, sondern Wein und Meth die beliebtesten Getränke aller Bayern gewesen seyn".

Als Kronzeuge für diese Behauptung wird immer wieder Johannes Turmair herangezogen, nach einer lateinisierten Form

Das Tor der Landshuter Martinskirche – auf der einen Seite des Spitzbogens ranken sich Weinreben empor, auf der anderen Hopfendolden.

seiner Geburtsstadt Abensberg „Aventinus" genannt. Er schreibt Anfang des 16. Jahrhunderts in seiner „Bayerischen Chronik":

„Der gemain man sitzt tag und nacht beim Wein …".

Wein gab es wahrlich genug zu Aventins Zeiten. Und das, obwohl damals ja Franken, heute Bayerns Hauptanbaugebiet, noch nicht zum Herzogtum gehörte. Das Klima war damals milder, in ganz Deutschland wurden die Hänge mit Reben bepflanzt; man schätzt, dass die Anbaufläche am Ende des Mittelalters gut dreimal so groß war wie heute. In Bayern wuchs der Wein entlang der Donau bis hinunter nach Passau, es gab kaum ein Flusstal, in dem nicht die Winzer am Werkeln waren. Aus dem oberpfälzischen Lengenfeld standen dem Herzog jedes Jahr „147 ½ Eimer Schatzwein von den eigenen Weinbergen" zu. Am Zollhäuschen zu Grünwald wurden 1514, auf Isarflößen transportiert, 159 Fass Bürgerwein und 55 Fass Gastwein registriert. Im Dachauer Land gibt es einen Südhang, der immer noch den Flurnamen „Weinberg" trägt. 1590 ließ Herzog Wilhelm V. sogar im Hofgarten der Münchner Stadtresidenz Wein anpflanzen. Ein buchstäblich ertragreiches Unternehmen. In guten Jahren sollen die Münchner Winzer fünfzig Eimer gekeltert haben, etwa 3.200 Liter.

In der gerade schon zitierten „Münchner Bier-Chronik" wird berichtet, dass der Wein im mittelalterlichen Bayern so billig war, dass „die Fässer häufig mehr galten als der Wein", also das Fass mehr wert war als der Inhalt. Ja, es soll sogar vorgekommen sein, dass „geringere Sorten statt des Wassers zur Anmachung des Kalkes

Der bayerische Geschichtsschreiber Aventinus

verwendet wurden". Wer das jetzt als weinselige Legende abtut, der sollte ins fränkische Kitzingen fahren. Der dortige Falterturm schaut ein wenig aus wie der schiefe Turm von Pisa. Und das soll am Wein liegen. Nicht an trunksüchtigen Zimmerern und Maurern, sondern daran, dass der Mörtel, mit dem man den Turm im 15. Jahrhundert hochgezogen hat, mit Wein angerührt wurde. Der „Baierwein", wie die verschiedenen Lagen zwischen Traunstein und Kelheim, dem Altmühltal und

Passau zusammenfassend genannt wurden, scheint alles andere als ein edler Tropfen gewesen zu sein. „Das Land, in dem der Essig auf den Hängen wächst", schmäht noch im 18. Jahrhundert ein bayerischer Staatskanzler mit dem schönen Namen Wiguläus von Kreittmayr die Bemühungen der bayerischen Winzer. Der Baierwein wurde trotzdem gerne getrunken. 1591 erschien in München ein Liederbüchlein, in dem es heißt:

„Den Weibern g'hört der Brunnen.
Den Mann der Wein erfreut".

Mitte des 17. Jahrhunderts schrieb der in Neuburg an der Donau ansässige Dichter Jakob Balde über den Baierwein: „Da weinen Essig die Trauben". Und noch bis in die Neuzeit mussten sich Winzer aus Kruckenberg im Regensburger Land mit der folgenden Anekdote verspotten lassen: „Wenn in Kruckenberg das Weintrinken angeht, dann werden die Kirchenglocken um Mitternacht geläutet – die Leute sollen sich umdrehen, damit Ihnen der saure Wein nicht die Magenwand durchfrisst".

Dafür, dass der so übel gescholtene Baierwein dennoch recht beliebt war, gibt es mehrere Gründe. Zum einen: Wasser – und auch das Wasser, mit dem Bier gebraut wurde – war im Mittelalter ein recht zweifelhaftes Getränk, schmutzig, oft gesundheitsschädlich. Das galt häufig auch fürs Bier mit seinen abenteuerlichen Zutaten. Da mochte der Wein noch so sauer sein, man wurde jedenfalls nicht krank davon. Und in manchen Jahren gab es zum Wein sowieso keine rechte Alternative, wie man in der „Münchner Bier-Chronik" nachlesen kann: „indem es allenthalben Weins genug gab, Kriege, Hagelschläge, Überschwemmungen etc. aber allzuhäufig den größten Getreidemangel verursachten, ward die Nothwendigkeit des Bieres in Bayern mehrmals in Frage gestellt, dasselbe dem gemeinen Manne sogar ganz entzogen".

Immer wieder wurde das Brauen durch herzoglichen Erlass stark eingeschränkt oder zeitweise ganz verboten. So etwa 1317, als Kaiser Ludwig der Bayer auf dem großen Landtage zu München befahl, wegen allgemeiner Getreidenot ein ganzes Jahr hindurch alles Malzen und Biersieden einzustellen, „daß man im Landes desto bessere Kost haben möge." Bier und Brot macht Wangen rot – im Zweifelsfall entschieden sich Bayerns Fürsten dann doch fürs Brot.

Als 1475 der Bayernherzog Georg der Reiche die polnische Königstochter Jadwiga zur berühmten Landshuter Hochzeit führte, da konnten sich die Gäste mit Muskateller und Veroneser Wein erquicken, die unteren Stände und die Bediensteten aber vor allem mit Baierwein – davon wurden fast 400.000 Liter ausgeschenkt.

Aber dann drängten zwei Ereignisse den Wein zurück, der schließlich dem Bier Platz machte. Schon Mitte des 15. Jahrhunderts war es zu einer Krise im Weinbau gekommen: „Weil der Wein, wenn ein kühler und nasser Sommer gewesen, selten noch zeitigte, sind die Weingärten und die Weinzierlzunft bald in gänzlichen Abgang gekommen". Hundert Jahre später begann wieder eine mehrere Jahrzehnte anhaltende Kälteperiode, die den Reben stark zusetzte, und schließlich kam es zum Dreißigjährigen Krieg. Als dieser zu Ende ging, waren auch viele Weinberge verwüstet und man hatte in Bayern Dringlicheres zu tun, als diese schnell wieder nachzupflanzen. Durch das Reinheitsgebot von 1516 war das Bier zudem wesentlich bekömmlicher geworden.

Die Klagen über die Teuerung des Weins häuften sich und 1578 hielt die „Baierische Landesordnung" fest, dass immer mehr Leute bei den Bierbrauern auch zum Essen einkehrten. Das Bier zog spätestens jetzt mit dem Wein gleich. Im frühen 17. Jahrhundert gab es dann in München schon mehr Brauer als Weinstuben, wie es in einem zeitgenössischen Lobgedicht auf die Landeshauptstadt heißt:

„Auch kann ich sagen, daß es in der Stadt
Zweiundvierzig Weinhäuser hat,
Vierzehn thut der Methschenken sein,
die den süßen Trank sieden fein,
dazu zweiundsiebenzig Bierbräuer,
Die sieden gut Bier, wie fort auch heuer."

Auch für München galt also, was ein Wiener Journalist im 19. Jahrhundert notierte: „Für den märchenhaften Aufschwung des Biers scheint nur eine Erklärung übrig zu bleiben: daß sich nämlich den geistigen Getränken gegenüber der Geschmack des Volkes aus allerdings unbegreiflichen Ursachen gründlich geändert hat. Da ist es nun merkwürdig zu beobachten, wie dieser Geschmackswechsel nicht bloß lokal auftritt, sondern so allgemein durchbricht, daß sich in den letzten Jahrzehnten fast alle Weinländer der alten Welt von einer heftigen Biersucht ergriffen zeigen."

In München kam es zu diesem Wandel ganz sicher auch wegen des Bayerischen Reinheitsgebots von 1516, das die Bierqualität erheblich verbesserte. Und diesem ist es dann auch geschuldet, dass 1860 der Dichter Joseph Victor von Scheffel am Chiemsee reimte:

„Ein Schaumtrunk braunrötlichen Bieres
erquickt mich statt zyprischem Wein.
Wen lustet des Malvasiers,
wo Malz und Hopfen noch rein?"

Ja, das Bier setzte sich sogar gegen ein neu auftauchendes Modegetränk durch, zumindest in München. Erstaunt schreibt ein anderer Schriftsteller, Gottfried Keller, am Ausgang des 19. Jahrhunderts: „Sogar die nobelsten Damen gehen ins Kaffeehaus und trinken da – nicht Kaffee, sondern so zum Spaß eine Maß Bier oder zwei."

Die Schedel'sche Weltchronik, die 1493 erschien und von
der „Erschaffung der Welt" bis zur „Aussicht auf den Welt-
untergang" das gesamte Wissen der Welt bot, findet auch
Platz für einen Verweis auf den Baierwein:
„Kelheim, ein stettlein an der Thonaw, da die Altmül
darin fallt/
ist auch Bairisch/
unnd wechst auch gut wein da/
wer gern essig trinckt".

„SEGNE, O HERR, DIESES BIER ..." –
DAS BIER WIRD ZUR FASTENSPEISE

Es wäre so schön, wenn sie stimmen würde: die Geschichte von
dem Kloster, das die Benediktiner im Jahr 820 in Sankt Gallen
planten. Das alte Kloster war zu klein geworden. Immer mehr
Mönche und Schüler drängten sich in engen Mauern. Was vielleicht nicht nur am Wunsch nach einem gottgefälligen Leben
gelegen haben mag, sondern auch an den Ess- und Trinkgewohn-
heiten, die damals bei den Benediktinern galten. In einer Klostergeschichte aus dem 11. Jahrhundert schreibt ein Ekkehardus
poeta et doctus, Schriftsteller und Doktor, es habe im Kloster zu
St. Gallen „sieben Essen täglich gegeben, mit reichlich Brot und
fünf Maß Bier". Kein Wunder, dass in dem Plan für das neue
Kloster in St. Gallen, das mehrere Hundert Mönche aufnehmen
sollte, gleich drei Brauereien vorgesehen waren. Eine für die
ordinären Mönche und die Laienbrüder des Klosters, eine zweite
für den Bedarf der vielen Pilger und Bittsteller, die an der Pforte

vorsprachen, und eine dritte für das Bier, das den vornehmeren Besuchern des Klosters und natürlich den höhergestellten Benediktinern vorbehalten sein sollte. Der Plan von Abt Gozbert wurde nie verwirklicht, aber bis heute gilt er als Beweis für die Trinkfreudigkeit der frühmittelalterlichen Mönche. Bruder Ekkehard widmete dem Bier denn auch ein ganz besonderes Tischgebet: „Gesegnet sei das sorgfältig hergestellte Bier, das schlecht gebraute aber sei verflucht".

Die frühen Klöster hatten freilich längst nicht alle eigene Brauereien. Das Bier für die Tische der Mönche kam von Bauern und Bediensteten, die den Klöstern einen Zehent abliefern mussten, eine Naturalsteuer. Im 9. Jahrhundert lebte in Unterföhring, das heute zu München gehört, ein Diakon namens Huvezzi. Und der musste ans Freisinger Domkapitel jedes Jahr einen Frischling, zwei Hühner und eine Gans liefern – und eine Fuhre Bier. 900 Liter Bier sollte ein anderer kirchlicher Lehensmann seinem Kloster im 8. Jahrhundert zukommen lassen, Jahr für Jahr. Da dampfte der Braukessel bald nur noch für den Bedarf der Mutter Kirche, ein probates Mittel, um mit den Bieropfern für heidnische Götter aufzuräumen, die bei den Germanen üblich waren. Auf den irischen Wandermönch Columban, der im 6. Jahrhundert rund um den Bodensee missionierte, ist der Spruch gemünzt:

„Ihr opfert Bier den Göttern?
Ei ei, was ficht euch an?
Schickts lieber uns ins Kloster!
So ruft Sankt Columban."

Aus zwei Gründen gingen im frühen Mittelalter immer mehr Klöster dazu über, ihr eigenes Bier zu brauen. Zum einen versuchte man, die Naturalabgaben der Hörigen in Geldzahlungen umzuwandeln. Und zum anderen galt ja in den meisten Klöstern

St. Gallen scheint nicht das einzige Kloster mit einem üppigen Speiseplan gewesen zu sein. In den Resten eines mittelalterlichen Klosters in Portugal, das 999 Mönche und einen Abt beherbergt haben soll, kann man noch die gewaltige Küche besichtigen – und die großen Einlasstore, die in den gemeinsamen Speisesaal der Brüder führten. Wer es sich dort allerdings allzu gut gehen ließ, den rief der Abt angeblich zu einer recht schmalen Pforte in der dicken Mauer, durch die man sich mit einer gewissen Leibesfülle beim besten Willen nicht mehr quetschen konnte. „Lieber Bruder", hieß es dann, „das nächste Mal kommst du durch diese Tür in den Speisesaal!" Was der unglückliche Dickwanst natürlich erst nach einer längeren Fastenkur schaffte.

die Regel des heiligen Benedikts. Deren Worte weichen zunächst ganz gewaltig von dem ab, was Bruder Ekkehard in seiner Klostergeschichte beschreibt. „Zwei gekochte Speisen sollen also für alle Brüder genug sein. Gibt es Obst oder frisches Gemüse, reiche man es zusätzlich. Ein reichlich bemessenes Pfund Brot genüge für den Tag, ob man nur eine Mahlzeit hält oder Mittag- und Abendessen einnimmt". Das Bier kommt zunächst gar nicht vor. Eine Hemina Wein pro Tag und Mönch gesteht Benedikt eher widerwillig zu, verbunden mit der Bitte, nicht bis zum Übermaß zu trinken: „Denn der Wein bringt sogar die Weisen zu Fall". Wie kamen die Klöster vom Wein aufs Bier? Durch geschickte Propaganda. Ganz so wie heute auch noch, wenn einmal der Rotwein Herzkrankheiten vorbeugen soll und dann wieder das Bier bei zu viel Cholesterin zu empfehlen ist. Hildegard von Bingen, die heilkundige Benediktinerin, schrieb dem Bier im 12. Jahrhundert allerlei positive Nebenwirkungen zu. Der heilige Nonnatus empfiehlt es für Waschungen, um eine gelinde, saubere und reine Haut zu bekommen. Und schnell galt ein gut eingebrautes Bier mit seinem hohen Nährwert auch als ideales Getränk, um die vielen Fastentage im Kirchenkalender ohne größeren Schaden an Leib und Seele überstehen zu können. Auf einen kurzen Nenner brachte man es im Regensburger Kloster Sankt Emmeram: Hier rühmte man das Bier als „regius potus", als königlichen Trunk.

Und diesen so wohltätigen Trunk wollten die Klöster schon bald nicht mehr nur den eigenen Mönchen zukommen lassen, sondern allen Christenmenschen, zumindest denen, die im Umfeld der Klostermauern wohnten. Ein Kloster nach dem anderen ließ sich vom Landesfürst das Braurecht, das jus praxandi, einräumen und richtete sich dann umgehend eine Brauerei ein. In Bayern waren unter den ersten die Klöster Weltenburg und

Mönche brauten nicht nur gerne, sie genossen auch das Klosterbier – nicht nur zur Fastenzeit.

„Als Labsal auch die Majestät des Klosters Kraftbier nicht verschmäht".

Weihenstephan. Aber bei den Brauereien blieb es nicht. Schnell hatten die Cellerare der Orden, die für die wirtschaftlichen Belange des Klosters zuständig waren, erkannt, dass eine Klosterwirtschaft viel Geld einbringen konnte. Im 15. Jahrhundert bewirtete das Kloster Niederalteich Freunde des regius potus in 19 Klosterschänken. In Regensburg konnten sich die Bürger in fünfzig Tavernen laben, deren Einnahmen der Kirche zuflossen, und dass das Bier in den Kneipen der Ordensbrüder nicht ausging, dafür sorgte eine ständig wachsende Zahl von Klosterbrauereien. Allein in Bayern waren es bis zur Säkularisation im Jahr 1803 fast 300. Und manche davon hatten sich ein ganz besonderes Privileg schreiben lassen. Sie durften ihr Bier auch dann brauen, wenn dies anderen Sudhäusern wegen Getreidemangels verboten war. Die Blüte klösterlicher Braukunst hielt bis zur Säkularisation im Jahr 1803 an, in der viele Klöster ihren Besitz verloren und aufgelassen wurden. Wenige Jahre zuvor, 1787, findet Simon Rottmanner, ein oberbayerischer Volksschriftsteller, recht kritische Worte über das bierselige Treiben der Klöster: „Sie unterhielten in ihren Mauern zum Schaden der Wirte ordentliche Zechstuben und förderten das Wallfahrtswesen, denn nichts verschaffet einem Bräu- oder Wirtshause mehr Nutzen, als die Kirchfahrten; und der Verkauf des Biers ist ohne Zweifel die wichtigste Ursache, warum man so sehr beflissen ist, neue Kirchfahrten einzuführen oder die alten zu verstärken."

Sie waren also nicht unumstritten, die Sud- und Schankaktivitäten der Klöster, machten sie doch zudem den bürgerlichen Brauern und Wirten Konkurrenz und auch dem Landesherrn, der ja bis ins 18. Jahrhundert das Monopol für das Brauen von Weißbier innehatte. Die Klöster mussten ihr Bier oft nicht einmal versteuern, was ihnen einen gewaltigen Vorteil verschaffte. Ein Beispiel dafür sind die Rechte des Klosters Altomünster, die um das Jahr 1300 festgeschrieben wurden. Da heißt es: „unbesteuert soll bleiben ein weinprobst, ein taferner, ein kelnaer, ein preu ...".

Ein Beispiel für den Konflikt zwischen bürgerlichen Brauern und der Ordenskonkurrenz lieferte das oberbayerische Kloster Indersdorf, das immer schon ein Braurecht hatte. Hinter den Klostermauern wurden zwar nicht drei, wie im St. Gallener Klosterplan vorgesehen, aber immerhin doch zwei Sorten Bier gebraut: das Herrnbier und das dünnere Conventsbier. Das Herrnbier stand, wie der Name schon sagt, den Chorherren des Klosters zu, das Conventsbier den gewöhnlichen Mönchen und dem Gesinde.

Diese Zweiteilung setzte sich auch noch auf einem anderen Gebiet fort. Seit dem Mittelalter verschrieben viele Menschen ihren Besitz einem Kloster, um dort dann ihr Alter, als Pfründner, zu verbringen, und ganz sicher auch, um etwas für ihr Seelenheil zu tun. Fürs leibliche Wohl der Pfründner sorgten präzise

Verträge, in denen Verpflegung, Wohnung und Pflege festgeschrieben wurden – und auch das Bier, das vom Kloster ausgeschenkt werden musste. Am 14. Februar 1455 überschrieb zum
Beispiel ein Ehepaar dem Kloster Indersdorf seinen Besitz,
bekam dafür Kost und Logis garantiert und außerdem „all tag
zwo maß herrnpier"! Als sich hundert Jahre später eine Witwe
ins Kloster einkauft, überschreibt sie dem Orden offensichtlich
weniger, denn ihr gesteht man täglich nur eine Maß Bier zu, „wie
man es dem Gesinde gibt"!

Täglich eine
Maß Bier – auch
für den Landes-
fürsten

Das Bier, das in den Klöstern gebraut wurde, kam offensichtlich nicht immer mit Gottes Segen zustande. Häufig liest man von Mönchen, die sich über die Qualität ihrer Fastenspeise beklagten, und das obwohl der heilige Benedikt in seiner Ordensregel speziell zum Thema Essen und Trinken mahnt: „Man unterlasse das Murren!" Im Oktober 1770 musste sich Kurfürst Max III. Joseph, „der Vielgeliebte", damit befassen, dass im oberbayerischen Kloster Altomünster „gewisse mißvergnügte Patres und Fratres an der Klosterküche und am Klostertrunk Anstoß nehmen würden". Eine Kommission wurde entsandt, inspizierte das Brauhaus, mochte aber zur Bierqualität nicht recht Stellung nehmen. Vielleicht auch deswegen, weil während der Inspektion ein Skandal in den Vordergrund rückte, der nur mittelbar mit dem klösterlichen Brauhaus zu tun hatte. Die 25-jährige Schusterstochter Katharina Aigner, die auf dem Gelände des Klosters arbeitete, gab an, sie sei im Brauhaus geschwängert worden.

Bier für Klosterbrüder und Pfründner, das nahm die Obrigkeit hin. Auch ein Schankrecht für drei außerhalb des Klosters gelegene Wirtschaften räumte man den Indersdorfer Mönchen ein. Aber als 1726 bekannt wurde, dass die geschäftstüchtigen Brüder zusätzlich auch noch im Kuchlstübl des Klosters Bier verzapften, da reichte es der kurfürstlichen Regierung. Über das Landgericht verbot man das „unzulässige Ausschenken" und empfahl sogar, die Sudkessel des Klosters herausreißen zu lassen. Soweit ist es dann doch nicht gekommen. Die Indersdorfer durften weiter brauen und ihren Teil zu der langen Erfolgsgeschichte der Klosterbrauereien beitragen. An diese erinnern noch heute klangvolle Namen wie etwa Augustiner oder Paulaner.

Aber die Zukunft gehörte den Bierbaronen mit ihren modernen Großbrauereien. Schon 1888 klingt, in dem Abgesang, den die „Münchner Bier-Chronik" den biersiedenden Patres widmet, leise Wehmut nach: „Es kann überhaupt gesagt werden, dass die alte einfache Art und Weise der mönchischen Bierbereitung ein besseres Produkt ergab, als die modernen großartigen Dampf-bierbrauereien uns liefern".

Da lag die Zeit schon lange zurück, zu der das Bier quasi hei-liggesprochen worden war. 1614 ließ Papst Paul V. in das Hand-buch des kirchlichen Ritus das folgende Gebet aufnehmen: „Segne, o Herr, dieses Bier, das durch Deine Gnade aus dem Kerne des Getreides hervorgegangen ist, auf daß es dem Menschen-geschlechte ein Heilmittel sei! Gib durch die Anrufung Deines Namens, dass jedermann, der davon trinkt, Gesundheit des Leibes und Schutz für seine Seele erlange."

Im Walchensee liegt die idyllische Halbinsel Zwergern. Auf diesem schönen Flecken Erde errichtete 1688 ein Eremit mit dem heute etwas aus der Mode gekommenen Namen Onuphrius eine Einsiedelei der Unbeschuhten Karmeliten. Tatkräftig unterstützt von der bayerischen Kurfürstin Maria Antonia.

Das Grundstück hatten die Einsiedler vom Probst eines nahegelegenen Augustiner-Chorherrenstifts bekommen. Der konnte nicht ahnen, was er mit dieser Überschrei-bung auslöste. Denn die „armen Eremiten des hl. Hierony-mus von der Kongregation des hl. Petrus von Pisa" >

> wandelten sich erstaunlich schnell von Einsiedlern zu Biersiedern. Und das brachte erst die Wirte rund um den See auf und dann die Benediktiner von Benediktbeuern. Die hatten selber eine Klosterbrauerei, die zu der Zeit, in der die „Waldbrüder" in Zwergern ihre Sudkessel anheizten, über ein Drittel der Klostereinnahmen erwirtschaftete. Ein wahrer Bierkrieg brach jetzt los, Bannflüche gingen über den See hin und her und sogar die Kurie in Rom musste eingreifen. Sie verhängte gegen die schwarzbrauenden Eremiten das Interdikt, eine der höchsten Kirchenstrafen. Die unbeschuhten Braumeister wurden dadurch von den Sakramenten der katholischen Kirche ausgeschlossen. Erst jetzt gaben sie auf und tauschten die irdischen Freuden, die ihr Bräustüberl spendete, gegen die Aussicht auf das ewige Leben.

„MELZT ER VIL, SO GEIT ER VIL ..." – DIE FRÜHEN WITTELSBACHER UND DAS BRAUWESEN

Die Dynastie der Wittelsbacher war dem Brauwesen schon von ihren Anfängen her eng verbunden. Es begann bescheiden damit, dass die Bauern des Landes ihren Grundherren eine Art Naturalsteuer in Form von Bier oder Malz liefern mussten. Und es endete mit der dann doch überraschenden Tatsache, dass 1913, in den letzten Jahren der bayerischen Monarchie, der Anteil der Biersteuer am bayerischen Staatshaushalt 35,8 Prozent betrug. „Malzt er viel, dann gibt er viel": nämlich Steuer, Aufschlag oder Ungeld, wie die Abgaben aufs Bier genannt wurden. Auch beim Bier drehte sich letztendlich alles ums Geld.

Dabei war das nie so gedacht gewesen. Im Mittelalter konnte jeder sein eigenes Bier brauen. Er benötigte dazu genauso wenig eine Genehmigung wie für das Kochen einer Suppe oder das Braten von Fleisch. Vor allem die Hausfrauen nahmen sich des Brauens an. So wie sie in mehr oder weniger regelmäßigen Abständen ein paar Laibe Brot in den Ofen schoben, setzten sie auch immer wieder mal einen Sud an.

Die Landesfürsten und die anderen Landbesitzer profitierten vom Ausstoß dieser Hausfrauenbrauereien nur in Form der allge-

Hausfrauen-
brauerei
– einfach, aber
effektiv

genwärtigen Abgaben. Wie Getreide und Holz, Huhn und Ei, Vieh und Schmalz mussten die Untertanen auch einen bestimmten Anteil ihres selbstgebrauten Biers an ihre Herren liefern, an Klöster, Gutshöfe oder die „Kästen", die Vorratsspeicher der Herzöge.

1180 wurde dem Wittelsbacher Grafen Otto von Kaiser Barbarossa der „ducatus Bavariae", das Herzogtum Bayern zugesprochen. Otto II., der Enkel des ersten Wittelsbacher Herzogs, wollte fünfzig Jahre später ganz genau wissen, was dieses Geschenk denn wert war. In endlosen Listen führten die mittelalterlichen Buchhalter auf, was Otto an Abgaben zustand. Für uns haben diese Listen einen gewissen Unterhaltungswert. Etwa wenn präzise aufgezeichnet wird, dass eine Taverne in Isengerstorf dem Herzog Jahr für Jahr nicht nur vier Mutt Roggen und vier Mutt Hafer schuldete, sondern auch ein Schwein im Wert von 32 Pfennigen.

Der Wirt von Adlhausen, dessen Geschäfte wohl besser gingen, musste zwei Mutt Weizen, acht Mutt Roggen, sechs Mutt Hafer, ein Schwein, vier Gänse und acht Hühner abliefern. 26 abgabepflichtige Tavernen stehen in diesem ersten Herzogsurbar, wie die Liste offiziell heißt. Schon die frühen Wittelsbacher Herzöge konnten sich also über Einnahmen aus dem Brau- und Gastgewerbe freuen, und nicht nur in Form von Schweinen und Hühnern. Damit man am herzoglichen Hof die Naturalien nicht trocken hinunterwürgen musste, stellten die Untertanen eine erstaunliche Menge an Bier zur Verfügung. Ein Albrecht von Husen, Hausbauer zu Gilgenberg, lieferte zum Beispiel ½ Fuder, der „von der alten Hofstet" acht Eimer, die Witwe von dem Berge gab ebenfalls acht Eimer. Viele Untertanen brachten aber kein Bier, sondern Brauzutaten in die Zehntscheuern: Braugetreide, aber auch Hopfen und Malz. Neun Mutt Malz kamen aus Altmanshoven, 35 Mutt aus Kinding und zwanzig Mutt aus Kirch-

Die Trunksucht war zeitweilig so verbreitet, dass es den Wirten verboten wurde, Wein oder Bier auf Kredit auszuschenken. Aber wenn ihre Untertanen schon Haus und Hof versoffen, dann wollten die Herzöge wenigstens etwas von dem Segen, der da aus den Taschen der Bürger in die der Brauer, Weinwirte und Bierzäpfler floss, in ihre Kassen umleiten. Spätestens seit dem 13. Jahrhundert erhoben die bayerischen Fürsten auf alkoholische Getränke eine Steuer, das sogenannte Ungeld. Ein Beispiel für diese Art der Steuererhebung: 1385 schreibt Herzog Stephan an den „weisen Rath und die Burger gemainlich zu München", er habe allerlei Schulden und Verpflichtungen und um die zu begleichen, würde ab sofort auf „alles trankh" ein Ungeld erhoben. Und zwar: „Von einem jeglichen Eimer Weins allweg 4 Maß Weins, es sei Malfaser, Reinfall, Welschwein, Nekchherwein, Frankhen oder Mett." Ein Eimer fasste sechzig Maß, die Steuer betrug also rund sechseinhalb Prozent. Sie wurde direkt vom Herzog erhoben und stand ihm alleine zu. Und das Bier? Das spielte damals noch keine große Rolle. Bayern war Weinland. Und die armen Teufel, die sich noch nicht einmal einen Schoppen sauren Baierweins leisten konnten, sollten wenigstens ihr Bier ohne steuerliche Beschwernis trinken können. Weshalb Herzog Stephan in seiner Ungeld-Forderung das „Pier" „durch Gottes Willen und durch armer Leuth willen gern ledig lassen wollen".

heim. An Hopfen wurde angeliefert: drei Scheffel aus Eitendorf, ein Mutt aus Thann und sechs Mutt aus Hetenriute. Man muss sich dieses Abgabenwesen einmal bildlich vorstellen. Vor den herzoglichen Vorratsscheunen standen die Tavernenwirte und Bauern mit ihren Schweinen und Hühnern, mit ihren Bierfässern, Getreideladungen und Fudern voller Malz oder Hopfendolden Schlange. All das musste erfasst, bewertet und verwertet werden.

Kein Wunder, dass die herzoglichen Räte versuchten, von diesem Sammelsurium wegzukommen. Und im zweiten Herzogsurbar, um 1280 entstanden, taucht denn auch schon Bargeld auf. Da zahlte ein Regensburger Brauer fünf Pfund in die herzogliche Steuerkasse, der von Siegsburg zwanzig Pfennige und der Bräustadel von Cham in der Oberpfalz 17 Pfennige. Die Münchner Brauer waren Schwergewichte. Schon 1280 mussten sie ein ganzes Bündel von Abgaben entrichten: 32 ½ Scheffel Malz, dem Herzog fünfzig Pfund Pfennige, dem Viztum – dem Stellvertreter des Herzogs – sechs Pfund, dem Stadtrichter zwei Pfund, am 2. Februar, Lichtmess, vierzig Talente Wachs für den Hof und für den Viztum noch einmal sechs Talente. All diese Einnahmen aus dem Brauwesen kamen dem Herzog zunächst nicht aufgrund einer besonderen Besteuerung des Biers zu, es waren Leistungen, die alle anderen Gewerbe in ähnlicher Form auch aufbringen mussten.

Schnell wuchs das Brauwesen über die kleinen Anfänge bäuerlicher und bürgerlicher Hausbrauereien hinaus. Die Klöster stellten hinter ihren Mauern Sudpfannen auf und in den Städten und Märkten entstand ein neuer Beruf, der des Brauers, in Zünften organisiert, mit einer genau geregelten Ausbildung – und zuweilen großen Gewinnen. An denen wollten die Landesherren jetzt teilhaben und das nicht nur in Form von Bier, Malz und anderen Naturalabgaben. Die Bayern hatten, das wird in vielen Schreiben des ausgehenden Mittelalters beklagt, angefangen zu saufen. In einem Trinklied hieß es damals:

„Mein Weib die thut mir wehren

Das Bier und auch den Wein,

Sie spricht, ich thu verzehren

Ihr Gut und auch das mein."

Aber erst viele Jahre später wurde auch das Bier ungeldpflichtig. Ganz ungeschoren wollte Herzog Stephan die Münchner Biertrinker aber nicht davonkommen lassen. Das Brauen, das ja viele Jahrhunderte lang völlig frei ausgeübt werden konnte, wurde jetzt zum Privileg, das vom Herzog verliehen werden konnte – gegen gutes Geld. Schon 1372 trug Herzog Stephan allen Münchner Bürgern das Braurecht an. Wer auch immer Greußnig, eine Art Kräuterbier, brauen möge, der dürfe dies tun. Er müsse nur einen Bräuamtsbrief beantragen und „eine Taxe von 6 Gulden erlegen".

Kostenpflichtig waren die Brauchrechte freilich nur, wenn es um bürgerliche Brauhäuser ging. Den Klöstern wurde das Privileg, flüssige Fastenspeise für Patres und Pilger zu sieden, gegen Gotteslohn verliehen.

Auch auf diesem Weg, über das rege Brauwesen der Klöster, nahmen die frühen Wittelsbacher immer wieder Einfluss auf das Brauwesen ihres Landes. Zum einen, indem sie den Klöstern und Stiften das Braurecht verliehen, wie etwa Herzog Ludwig, der 1286 verkündete, „daß für die Armen und Kranken des Spitals des hl. Geistes in eurer Stadt München dreissig Schäffel Waizen und Hafer alljährlich ins Gebräu genommen werden dürfen und dass sie dies bräuen dürfen ohne all und jedes Hindernis".

Zum zweiten waren die Wittelsbacher ja als Herzöge quasi von Amts wegen Klostervögte, also Schirm- und Schutzherrn vieler Abteien – und damit auch zuständig für deren wirtschaftliches, und das hieß fast immer auch brauwirtschaftliches, Wohlergehen. Und schließlich taten sich viele Wittelsbacher auch als Kloster-

Wie viel darf man heute abgabenfrei brauen?
Bierbrauen, wir haben es gesehen, war im Mittelalter
so selbstverständlich wie das Suppekochen. Jeder durfte
es, ganz ohne Genehmigung. So einfach ist es heute
nicht mehr. Aber immerhin: 200 Liter pro Kalenderjahr
darf jeder Bürger in Deutschland brauen, ohne dass das
Finanzamt mit am Zapfhahn sitzt. Wer mehr als diese
200 Liter braut, der bekommt es mit der Biersteuer zu tun.
Ob mit oder ohne Fiskus am Braukessel – immer mehr
Bundesbürger sind als Hobbybrauer zugange. Im Internet
wimmelt es von Rezepten, Tipps und allen möglichen
Gerätschaften und Zutaten. Ans Reinheitsgebot müssen
sich die Küchenbraumeister nicht halten.

gründer hervor. Etwa der schon erwähnte Herzog Ludwig, der im
Nachhinein den Beinamen „der Strenge" erhalten hatte. Ludwig
verdächtigte seine Frau des Ehebruchs und ließ sie, der damaligen
Rechtsordnung folgend, ohne langen Prozess enthaupten. Später
quälten ihn erst Zweifel und dann die Reue. Um sein Seelenheil
zu sichern, gründete er nicht weit vom Ammersee das Kloster
Fürstenfeld, wo er auch begraben wurde.

Ungeld, also die Steuer auf alkoholische Getränke, Verlei-
hung von Braurechten, Stiftung von Klöstern und damit auch
Klosterbrauereien – 1542 kommt ein weiteres Instrument hinzu,
das die Dynastie der Wittelsbacher und das Brauwesen Bayerns
eng verschränken wird: der sogenannte Aufschlag. Eine weitere
Steuer auf alkoholische Getränke, die, wie schon erwähnt, gegen
Ende der jahrhundertelange Herrschaft der Wittelsbacher ein
Drittel des Staatshaushalts erbrachte. Und für den Hausge-

brauch ließen die Wittelsbacher schon früh ein eigenes Brauhaus einrichten: 1260, im Alten Hof, der frühen Münchner Residenz.

Es gibt wohl keinen anderen Staat, in dem die Verschränkung zwischen Brauwesen, Dynastie und Staatshaushalt so eng war wie im Reich der Wittelsbacher. Immer wieder hat das Bier über Wohl und Wehe Bayerns und der Bayern bestimmt.

Eine moderne Hausbrauanlage – die Rauchkuchel mittelalterlicher Hausfrauen hat sich ganz schön weiterentwickelt.

BÖSE UND ARGE BIERE – EIN RAUSCH-
TRANK GANZ BESONDERER ART

„Sumpf'ger Schlange Schweif und Kopf
Brat und koch im Zaubertopf
Molchesaug und Unkenzehe
Hundemaul und Hirn der Krähe;
zäher Saft des Bilsenkrauts
Eidechsbein und Flaum vom Kauz:
Mächtger Zauber würzt die Brühe,
Höllenbrei im Kessel glühe."

Also, auch wenn wir im folgenden Kapitel durchaus einige der Zutaten genannt bekommen, die in Shakespears Drama Macbeth von dämonischen Hexen zu einem Zaubertrank verrührt wurden, ganz so schlimm ging es denn doch nicht zu beim mittelalterlichen Bierbrauen. Aber schlimm genug! Und der Grund: Die Brauer waren bis ins 19. Jahrhundert nie ganz sicher, ob ein Sud gelingen würde.

Eigentlich ist das Rezept fürs Bierbrauen ja uralt und recht simpel. Von der Germanengöttin Osmotar haben wir es schon übermittelt bekommen: Ein paar Hände voll Gerste, ein paar Hopfendolden und Wasser, aufs Feuer damit und fertig ist das Bier. Aber da war ja noch etwas: der Geifer eines wilden Ebers. Ganz so einfach ist es eben nicht, ein anständiges Bier zu brauen. Man wusste nämlich lange nicht genau, wie die Hefe und damit die Gärung wirkte. Mal war das Brauwasser verseucht, mal das Brauzeug nicht richtig gesäubert – und das Bier wurde sauer oder schal. Mal war die Umgebungstemperatur im Sudhaus zu hoch, mal zu niedrig. Und es gab keine Kühlung: War ein Winter so warm, dass sich auf den Brauereiweihern kein Eis bilden konnte, dann war es fast unmöglich, das im Winter gebraute Bier unbeschadet über den Sommer zu bringen.

„Durch geschwindt und überflüssig Gyer
und von unsauberkeit der Geschirr
Saur werden und gar abstehn;
Wie muss man dann damit umgehn?"

Ja, wie damit umgehen? Die frühen Brauer taten ihr Möglichstes,
um den Sud zum Gären zu bringen und das Bier dann zu stabi-
lisieren. Es ist kaum zu glauben, was da alles verwendet wurde:
Bilsenkraut und Wermut, Zeiler- und Schlangenkraut, Seidelbast,
Myrrhe, Feigenwurz, Petersilie, Mutterkorn, Weidelgras, Fisch-
körner, Maagsamen, Mohnsaft, Tollkirsche, Lorbeer, Nusslaub,
Anis und Welsches Korn. Mindestens die Hälfte dieser Kräuter ist
mehr oder weniger gesundheitsschädlich. Kein Wunder, dass die
besorgten Stadtväter in Landshut schon 1457 ihre Brauer dazu
zwangen, auf solche Praktiken zu verzichten. Im Ratsbuch der Stadt
kann man es nachlesen: „Die Brauherren, ihre Frauen und ihre
Braumeister haben geschworen, nichts in ihre Biere zu hängen und
zu tun, weder Samen noch Wurzeln, Gestrüpp noch dergleichen".

Den Landshutern war vielleicht eine Untersuchung bekannt geworden, die ein paar Jahre früher der Regensburger Stadtrat in Auf-
trag gegeben hatte. Der wollte von dem renommierten Arzt Hans
von Bayreuth wissen, ob „Bilsensamen, Nusslaub, Buchenasche,
weißes Pech, Anis, Wälsches Korn, Petersilie und andere den Harn
treibende Wurzeln als Zutaten des Bieres der Gesundheit abträglich
seien." Da musste der gute Medicus nicht lange nachdenken. Umgehend antwortete er dem Rat der Stadt: „Zu den Bieren für die
ganze Gemeinde, die niemand schädlich würden, gehört nicht mehr
als Gerste, guter Hopfen, Wasser und daß die Fässer frisch und mit
schwarzem Pech gepicht seien". Eindeutiger geht es nicht.

Allerlei Kräuter dem Bier zuzusetzen, das war aber nur eine
der Methoden, mit denen die Brauer buchstäblich ihr Glück versuchten.

In den Sudhäusern muss es
zuweilen zugegangen sein wie
in der Hexenküche eines Alchemisten. Da kamen die abson-
derlichsten Methoden zur An-
wendung. Der Strick eines Gehenkten, unter den Braukessel
gelegt, sollte den Sud gelingen
lassen. Der Daumen eines Die-
bes tat es aber auch. Fleder-
mausblut, dem Bier zugesetzt,
sollte die verehrte Kundschaft
hörig machen und eine selbst
abgezogene Schlangenhaut ein
gutes Resultat garantieren.
„Wenn das Bier gäret, sollen
Schere und Salz auf dem Bottiche sein", lautete ein Brau-

**Kräuter wie der Feigenwurz waren
noch die harmloseren Bierzutaten.**

rezept. Und ein anderes: „Wenn man Bier brauet, soll man einen
guten Strauss voller Brunnennesseln auf den Rand des Bottichs
legen, so schadet der Donner dem Biere nicht".

Wer auf derlei Magie nichts gab, der konnte Zuflucht zur
Mutter Kirche nehmen. Die mehr oder weniger abergläubischen
Praktiken endeten nicht beim Brauen. Wer eine hölzerne Rohr-
leitung und einen Zapfhahn fertigen wollte, der musste, wenn es
gut werden sollte, eine Weile nach dem passenden Baum suchen:
„Wer aus einer Birken, die mitten in einem Ameisenhaufen ge-
wachsen ist, lässet hölzerne Schläuche oder Hähne drehen, der
wird geschwind ausschänken".

Kein Wunder, dass die Brauer in Verruf gerieten und man
ihnen noch die absurdesten Praktiken zutraute. Noch Ende des
19. Jahrhunderts musste sich ein Brauer aus Ravensburg gegen

den Vorwurf zur Wehr setzen, er halte sich in seiner Brauerei einen Molch, der das Bier zu trinken bekäme und es dann wieder ausscheide, süffiger und berauschender als das ursprüngliche Gebräu.

Und wenn einmal ein Sud besonders gut gelang und schön im Fasse lag, dann war es oft auch nicht recht. Denn dann war der bösen Konkurrenz klar – da musste Magie mit im Spiel gewesen sein. Und das konnte in diesen abergläubischen Zeiten entsetzliche Folgen haben. In Bayern wurden in den finsteren Jahren des Mittelalters immer wieder sogenannte Bierhexen verbrannt. Und zwar absonderlicherweise sowohl wenn in ihrer Umgebung ein Sud nicht gelang – dann waren der böse Blick oder andere schädliche Methoden der armen Frau Schuld am Misslingen –, als auch wenn einem Brauer zu oft ein gutes Bier im Fass lag. Dann hatten die Hexe und der mit ihr verbündete Teufel dem Brauer geholfen.

Beides war todeswürdige Hexerei! In der Nähe einer Bäckerei zu brauen, wo ein Sud wegen der vielen Hefepilze in der Luft beste Chancen hatte erfolgreich zu gären, konnte zur Zeit der Inquisition bei missgünstigen Nachbarn lebensgefährlich sein. Seltsamerweise traf es fast nie die Brauer selbst, sondern häufig ihre Frauen. Nur ein Beispiel: 1590 wurden in München mehrere Ehefrauen Münchner Bierbrauer der Hexerei verdächtigt, angezeigt und hingerichtet. „Um den Anfang des Monats Juli sind ihrer bey fünfen in München verbrannt worden. Under welchen eine wolbekannte Prewin gewesen, die ausgesagt sol haben, wie sie und etlich hundert mit ir in dem Mertzenbier, eh sie dies ausgeschenkt, gebadet habe". Bei dieser Rechtslage muss man sich wundern, dass sich überhaupt noch Frauen fanden, die einen Brauer heiraten wollten.

Brauersfrauen lebten gefährlich – so manche wurde als Hexe verbrannt.

Fast schon verzweifelt klingen die Versuche, die seltsamen Verfahren mittelalterlicher Brauer aus heutiger Sicht wissenschaftlich zu erklären: Die Haut mancher Reptilien enthält halluzinogene Drogen, deshalb habe sie das Bier aufbessern können. Oder die Sache mit dem Henkersstrick: Mit dem Angstschweiß des Gehenkten hätten sich besonders viele Hefepilze abgesondert, und die dann unterm Braukessel und von da aus … Prost Mahlzeit!

„UND SONST NICHTS DAREIN ODER DARUNTER" – DIE VORLÄUFER DES BAYERISCHEN REINHEITSGEBOTS

Es wäre schön, wenn man zum 500sten Jahrestag des Bayerischen Reinheitsgebots eine verstaubte Chronik finden würde, in der geschildert wird, wie Wilhelm, sein Bruder und einige Hofräte zusammensitzen und darüber beratschlagen, wie man denn die Qualität des Biers verbessern könnte. Aber das wird nicht geschehen, ganz einfach, weil die herzoglichen Beamten nur ins nächste Archiv gehen mussten, um alle „Zutaten" für ihr Reinheitsgebot zu finden. Die Vorschriften, die Wilhelm IV. und sein Bruder Ludwig X. 1516 auf dem Landtag zu Ingolstadt erließen, hatten viele Vorläufer. Einen haben wir schon kennengelernt: die drakonischen Gesetze, mit denen der babylonische König Hammurapi schon vor fast 4.000 Jahren gegen betrügerische Brauer vorging.

In Bayern waren lange Zeit Hausbrauereien und Klöster fürs Bier zuständig, die zunächst keiner Kontrolle unterlagen. Das änderte sich, als in den Städten der neue Berufsstand der Brauer heranwuchs. Die Städte leiteten das Recht, neue Gewerbe zu etablieren, aus uralten Privilegien her. „Stadtluft macht frei", dieser Spruch galt auch für das Gewerbe. Zünfte und Kaufmannsgilden organisierten sich unter städtischem Recht. Und was die Brauer betraf, da gingen die Magistrate zurück bis zum jux praxandi, dem Braurecht der Römer, um ihnen eine juristische Grundlage zu geben. Und von da an achteten die Städte auch darauf, dass es beim Bier mit rechten Dingen zuging. Eine Vielzahl von solchen städtischen Reinheitsgeboten ist uns allein aus Bayern überliefert.

Schon die „Justitia Civitatis Augustensis", das älteste deutsche Stadtrecht, im Jahr 1156 von Kaiser Barbarossa erlassen, hat auch das Bier zum Thema: „Wenn ein Bierschenker schlechtes Bier macht oder ungerechtes Maß gibt, soll er gestraft werden."

Noch recht vage, dieses frühe Reinheitsgebot. Mehr ins Detail gingen 1303 die Nürnberger. Sie ordneten an, dass die Brauer in ihren Mauern nur Gerste verwenden durften und nicht Hafer, Roggen, Dinkel oder Weizen. Verstöße wurden schwer geahndet: Wer sich nicht an Vorschriften hielt, musste „Jahr und Tag aus der Stadt fahren", also Nürnberg verlassen. Auch der Bierpreis wurde damals schon festgelegt und wer dreimal beim schlechten Einschenken erwischt wurde, der verlor für ein Jahr sein Schankrecht. Es wäre schön, wenn diese 700 Jahre alte Verordnung heute noch auf dem Oktoberfest gelten würde.

In Nürnberg war sie nämlich durchaus von Erfolg gekrönt, versicherte doch der mittelalterliche Gelehrte und Poet Conrad Celtis 1502 in seiner Schrift über die Sitten und Gebräuche „Norimbergaes": „Das hiesige Bier ist im Übrigen, wenn man sich an das rechte Maß und an die natürlichen Bedürfnisse hält, ausgesprochen gesund, es nährt und belebt, erfrischt an heißen Tagen und löscht den Durst, kurz es ist ein gar liebliches Getränk".

Auch die Münchner sorgten sich schon früh um die Brauqualität. 1363 berief der Stadtrat sogar einen zwölfköpfigen Ausschuss, der dafür sorgen sollte, dass in der Stadt allzeit gutes und preiswertes Bier zum Ausschank kam. Und dieser Ausschuss schrieb auch schon in etwa das nieder, was sich später im Bayerischen Reinheitsgebot wiederfinden sollte: Man dürfe zum Brauen nur Gerste, Hopfen und Wasser verwenden „und sonst nichts darein oder darunter tun oder man strafe es für falsch".

Herzog Albrecht von Bayern erließ am 30. November 1487 ein Gesetz über das Brauwesen in München, in dessen erstem Paragraphen das Reinheitsgebot als Brauvorschrift fast schon wortwörtlich verankert ist: „Es sol auch ein yeder Bierbräu, der yetzt ist und künftig wirdet, vor unserem Rentmeister in Obern Beirn an unser stat einen aid swern: das er zu einem jeden Bier allain Gersten, Hopfen und Wasser nehmen und brauchen; auch das nach notdurft sieden und nichts anderes dareintun noch durch jemand anderen verfügen oder sunst gestatten wölle".

Und genauso nahe an den Text des Reinheitsgebots kam der Wittelsbacher Fürst Georg der Reiche, der 1493 für das Herzogtum Bayern-Landshut festschreiben ließ: „Die Bierbrauer und andere sollten nichts zum Bier gebrauchen denn allein Malz, Hopfen und Wasser, noch dieselben Brauer, auch die Bierschenken und andere nichts anderes in das Bier tun – bei Vermeidung von Strafe an Leib und Gut".

Vorläufer – und Vorbilder – für das Bayerische Reinheitsgebot von 1516 gab es also eine ganze Reihe. Und damit könnte man in Bayern auch gut leben. Von den eigenen Vorfahren abzukupfern, das ist keine Schande. Doch diese Gelassenheit machte im April 1998 blankem Entsetzen Platz. Im benachbarten Thüringen legten die Brauer ausgerechnet am 23. April, dem Tag, an dem Wilhelm IV. das Reinheitsgebot erlassen hatte, ein Dokument auf den Wirtshaustisch, das es in sich hatte: die „Statuta Thaberna" aus der thüringischen Stadt Weißensee, verfasst im Jahr 1434. Über dieses und jenes in diesen Statuten könnte man amüsiert hinweglesen, etwa über den folgenden Paragraphen, der Zeugnis davon ablegt, dass es in den Tavernen Thüringens zuweilen wild hergegangen sein muss: „Kommt darein ein Gast und vertrinkt sein Geld, und wenn der Gast bezahlen soll und bezahlt nicht gütlich und bietet der Frau böse Worte oder des Wirts Gesinde, kommt der Wirt dazu, und schlägt dieser den Gast mit einem Gefäße auf den Kopf oder in die Zähne oder raufet ihn, so soll dennoch der Gast dem Wirt die Unzucht büßen, die er in seinem Haus begangen hat."

Die „Statuta Thaberna" aus dem Jahr 1434

¶ Nicht spelen·

Es en sal auch keyn burger med deme anderen nicht spelen das
erbeut uns die stad pfande vnd geschee das eyn burger med
deme anderen spelete da solde der wert unbetheidiget ume bliben

Welch burger eyme knechte gad beyspelet der in eynes burgers
huse wonig ader bel der burger sal syne knecht nicht turer
lose danne vmb eyne schillig pfennige

¶ Brauen / gewant snyden / schenken / meltzen /

Welch burger zu bruwe / gewant snyte / schenken / vnd meltze
bel der sal siczen in syme geschosse med zwolff marck nach
unse liebe frauwen tage der letzten vnd sin letzte mal an die
walpurge abende / vnd uber das brethe der bore der stad buffellig
worden eynes pfundes ¶ Zu dryen malen bruwen·

Es en sal auch nymand mer bruwen danne zu / vier mal
ader zu dryen malen in eyme Jare ader nach deme alse die
rethe vnd die gemeyne des eyns werdet / Jares eyn werdet
vnd erkennen uff das beste / vnd zu den vier gebruwe sal man
nicht mer zu neme danne alse vel maltzes alse man confort[...]
czehen maldern gerston mag gemachen / aber zu dryen gebruwe
dryzen maldern ane eyn vierteil geisten maltzes mag gemachen vnd sal die gebruwe thun welche ziet in deme Jare
man wel / aber man das erkennet das es aller beqvemlichst sy / man
sal auch nicht in die vier werck gancz nach koynerleie anderer dinge
setzte das zu nicht thun danne hopphen maltz vnd wasser das bor
butet man die zelben malten / vnd die vier wochen zu zunemene

¶ Zweie ore gebruwe met eynander thun /

Auch mogen zwene burger ore gebruwe med eyn ander thun in
eyme huse / also das eyn iglicher burger des syne en geyn sal
furen uff syne tage / vnd des heyme schenken sal das bor butet
man die zelben marten vnd die vier wochen zu nnmene

Were auch ab zwene burge med eyn ander in eyme hofe sessen
die sulle nicht mer bruwen danne vier mal ader drie mal vme
Jare / ader nach deme als man das eyns iglich Jares eyn werdet
die diste [...] bruwe sal / das bor butet man die zelben marten vnd

Aber leider gibt es in den thüringischen „Statuta Thaberna"
auch noch einen anderen Abschnitt, und der wurde 1998 flugs
„Weißenseer Reinheitsgebot" getauft und den Bayern sozusagen mit einem herausfordernden Lächeln über die Grenze
geschoben. Und tatsächlich steht da unter der Überschrift
„Dreimal Brauen": „Es soll auch niemand brauen als dreimal in
einem Jahr oder nach dem was Räte und die Gemeinde eines
jeglichen Jahres sich einig werden. Zu dem Bier brauen soll man
nicht mehr nehmen als so viel Malz, als man zu den drei Ge-
bräuen von dreizehn Maltern an einem Viertel Gerstenmalz
braucht. Es soll auch nichts ins Bier, weder Harz noch keinerlei
Ungefercke. Dazu soll man nichts anderes geben als Hopfen,
Malz und Wasser."

Kein Zweifel, ein Reinheitsgebot vom Feinsten, erlassen 82 Jahre
vor dem Bayerischen Reinheits-
gebot. In Thüringen! Und noch
dazu mit einer präzisen Brauvorschrift, nämlich „13 Malter
an ein Viertel Gerstenmalz":
Das ergibt 12,8 Prozent Stammwürze, so viel wie bei einem
modernen Märzenbier. Wäre
die 500-Jahr-Feier also schon
1934 fällig gewesen? Das haben
nicht einmal die Thüringer behauptet. Denn die Statuten
von Weißensee waren, wie die
Verordnungen von Augsburg,
Nürnberg oder München auch,
nur regional gültig. Und – sie
haben keine Spuren in der
Rechtsgeschichte hinterlassen.

Herzog Albrecht IV.

Die Zunftfahne der Münchner Brauer

Das Bayerische Reinheitsgebot von 1516 dagegen galt landesweit und hat – wie wir noch sehen werden – bis heute Gültigkeit.

Um niemandem diesseits und jenseits der bayerischen Grenze auf die Zehen zu treten, sei festgestellt: Es mag anderswo schon früher Erlasse zur Förderung der Bierqualität gegeben haben – aber das Bayerische Reinheitsgebot von 1516 ist das älteste landesweit erlassene Lebensmittelgesetz, das bis heute Gültigkeit hat.

47

„AUCH WASSER WIRD ZUM EDLEN TROPFEN, MISCHT MAN ES MIT MALZ UND HOPFEN!" – DAS REINHEITSGEBOT VON 1516

„DU GFREI'ST MI …" – WILHELM IV. UND SEINE ZEIT

„Du gfrei'st mi …", mit diesem „Du machst mir Freude" unterschrieb der Bayernherzog Wilhelm IV. Briefe an Untertanen, denen er gewogen war. Gerade 14 Jahre alt war Wilhelm, als am 18. März 1508 in München sein Vater, Herzog Albrecht IV., der Weise, starb. Begraben wurde der Fürst natürlich umgehend, aber die eigentliche Beerdigungsfeier, das „hochlobliche Gedächtnis-Begängnis des hochgeborenen Fürsten und Herrn Albrecht", unter anderem Herzog in Ober- und Niederbayern, fand erst zehn Monate später, im Januar 1509, statt. So lange dauerte es, bis reitende Boten die Nachricht vom Tod des Herzogs in alle Lande getragen hatten und die Zurüstungen zu der pompösen Festlichkeit beendet waren. In der feierlichen, nicht enden wollenden Prozession zog auch mit, gerahmt von Mönchen, „Herr Johannes von Degenberg, das Schwert des Verstorbenen tragend". Und natürlich waren die beiden Söhne Albrechts dabei, die ihm als Herzöge nachfolgten: Wilhelm IV. und sein Bruder Ludwig X., die sich zeitweise die Regierung Bayerns teilten. Haben Wilhelm und der Graf von Degenberg bei der Trauerfeier miteinander gesprochen? Möglich. Und möglich wäre dann auch, dass ein Gesprächsthema das Bier war, das der Graf von Degenberg in seinen Ländereien nahe der böhmischen Grenze brauen ließ. Kein Braunbier aus Gerste wie im restlichen Herzogtum üblich, sondern obergäriges Weißbier aus Weizen. Eine Sorte, die, wie wir noch sehen werden, eine wichtige Rolle bei der Entwicklung Bayerns zu dem modernen Staat, den wir heute kennen, gespielt hat.

Den Beinamen „der Standhafte" verdiente sich Wilhelm IV. schließlich in den 42 Jahren seiner Herrschaft, eine damals ungewöhnlich lange Regierungszeit. Vor allem sein Beharren auf dem angestammten katholischen Glauben der Bayern hat ihm diesen Namen eingetragen. Er war einer der entschiedensten Gegner Luthers und dessen reformatorischer Bewegung. Und er war ein erbarmungsloser Gegner. So wurde 1523 in München ein Bäckergeselle mit dem Schwert enthauptet, weil er dem neuen lutherischen Glauben anhing. 1527 erließ Wilhelm ein „Bayerisches Landgebot gegen die Wiedertäufer". Wer als Anhänger dieses radikalen Zweigs der Reformation entlarvt wurde, verfiel der Todesstrafe. Und die wurde allein in München Dutzende Male vollstreckt. Auf besonders absurde und grausame Weise an drei Frauen, die unter Wilhelm erst in der Isar ertränkt und dann verbrannt wurden.

Die sich anbahnende Auseinandersetzung um die „rechte Lehre" war aber nur eines der großen politischen Themen, mit denen sich Wilhelm IV. immer wieder auseinandersetzen musste. Was hatte er in über vierzig Jahren Herrschaft nicht alles um die Ohren. Eine fortschrittliche Schulwesen und eine neue Gerichtsordnung fallen in seine Zeit, die Bauernaufstände in benachbarten Ländern bedrohten auch Bayern, mit den Habsburgern musste eine friedliche Lösung von Nachfolgeproblemen ausgehandelt werden und bevor Kaiser Karl V. 1546 gegen die Protestanten zog, da beriet er sich mit seinem „in den deutschen Dingen so erfahrenen Vetter" Wilhelm. Auch die 1506 in Bayerns Verfassung aufgenommene Regel der „Primogenitur", das Recht des Erstgeborenen auf die ungeteilte Herrschaft, musste gegen viele Widerstände durchgesetzt werden.

In dem Buch „Die Wittelsbacher in Lebensbildern" von Hans und Marga Rall, einem Standardwerk über das bayerische Fürstenhaus, findet sich im Kapitel über Wilhelm IV. vieles, aber kein Wort über das Bayerische Reinheitsgebot. Nur, wer redet heute noch von der Primogenitur, vom Wormser Edikt, das die Reichsacht über Luther verhängte, oder von der Gemäldesammlung der Wittelsbacher, die Wilhelm ausbaute? Das Reinheitsgebot wird aber noch 500 Jahre, nachdem es Wilhelm unterschrieben hatte, geachtet und gefeiert.

In einem Buch über das Reinheitsgebot möchte man sich ja auch gerne vorstellen, dass Wilhelm sich seinen Ehrennamen „der Standhafte" mit seinem Eintreten für sauberes Bier verdient hatte und nicht mit seinen harten Händeln in Glaubensfragen und Staatsräson.

Höfische Kleidung aus der Zeit Wilhelms IV.

Der Vater des Reinheitsgebots – Wilhelm IV.

50

Wohler als im Landtag fühlte sich Wilhelm IV. als Turnierreiter.

Wilhelms Erzfeind und lebenslanger Gegner Martin
Luther hatte ein recht zwiespältiges Verhältnis zum Bier.
Einerseits schrieb er:
„Es muß ein jeglich Land seinen eigenen Teufel haben ...
unser deutscher Teufel wird ein guter Weinschlauch seyn
und muß Sauff heißen, daß er so durstig und abgemattet
ist, der mit so großem Sauffen Weins und Biers nicht kann
gekühlet werden ...".
Andererseits ist ein Brief an seine Frau erhalten, die ein
leichtes Hausbier zu brauen pflegte, das dem Reformator
offensichtlich mundete. Denn er schreibt: „Du tätest wol,
daß du mir herüberschickest ... ein Ploschen deines
Bieres, so oft du kannst".

Das Siegel Wilhelms IV.

Erzogen wurde Wilhelm IV., ebenso wie sein Bruder Ludwig X., übrigens vom großen Geschichtsschreiber Aventinus, der uns in diesem Buch auch schon begegnet ist. Der Vater dieses Aventinus war Bierbrauer und besaß obendrein ein Wirtshaus. Da wird das erzieherische Gespräch wohl auch ab und an auf das Thema Bier gekommen sein, was den kleinen Wilhelm so gefreut haben könnte, dass er dem Aventinus einen freundlichen Gruß zugedachte: „Du gfrei'st mi"!

„O INGOLSTADT DU GEMAUERT HAUSS" –
DIE BIERSTADT AN DER DONAU

1516 – in Augsburg beginnt der Bauherr des vermögenden Kaufmanns und Bankiers Jakob Fugger mit dem Bau der ältesten Sozialsiedlung der Welt, der Fuggerei. Der spanische König ernennt Franz von Taxis und dessen Neffen Johann zu Hauptpostmeistern. Götz von Berlichingen entbietet einem kurmainzischen Amtmann den berühmt gewordenen „schwäbischen Gruß". Und in Ingolstadt tritt der Landtag zusammen. Er wird vieles beschließen, was längst in Archiven verstaubt, aber auch eine Verordnung, die in dem Gesetzbuch, das in Ingolstadt verfasst wurde, nur wenige Zeilen umfasst und heute als Reinheitsgebot bekannt ist. Eigentlich saß die Regierung des neuen Herzogtums Bayern, das 1505 nach schmerzlichen Bruderkriegen aus verschiedenen Teilherzogtümern entstanden war, in München. Und das stattliche Landschaftshaus der bayerischen Ständevertretung prunkte in Landshut. Und doch trat der Landtag 1516 in Ingolstadt zusammen. Das hatte politische Gründe. Aber es gab in der Donaustadt auch genügend Bezüge zu dem Thema, das Stadt und Landtag einmal berühmt machen sollte, zum Bier.

Im Liebfrauenmünster zu Ingolstadt gibt es ein Buntglasfenster, auf dem ein Putto, ein spärlich bekleideter Engel, zu sehen ist. Er hält eine Tafel, auf der das Wappen der Brauer mit seinen zwei gekreuzten Schöpfkellen zu sehen ist. 1514 wurde die sogenannte Brauerkapelle im Ingolstädter Münster fertiggestellt. Ingolstadt hatte sich da längst aus einer kleinen karolingischen Siedlung, die angeblich einmal Karl dem Großen höchstpersönlich gehört haben soll, zu einer beschaulichen Residenzstadt entwickelt.

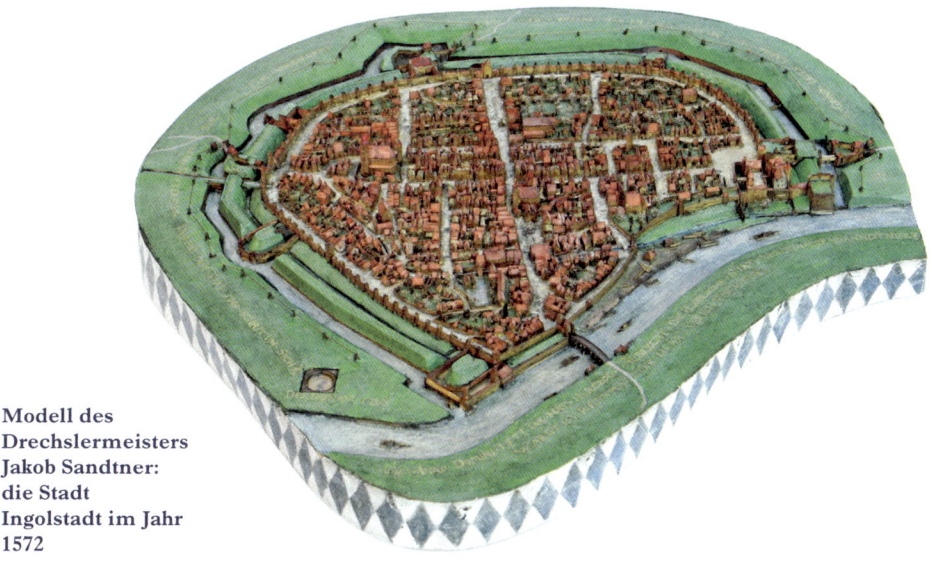

Modell des
Drechslermeisters
Jakob Sandtner:
die Stadt
Ingolstadt im Jahr
1572

53

Gut fünfzig Jahre lang, von 1392 bis 1447, war die Donaustadt Regierungssitz eines bayerischen Teilherzogtums, in dem Herzöge mit etwas seltsamen Beinamen wie etwa Stephan der Kneißel, Ludwig der Bärtige oder Ludwig der Bucklige regierten. Und doch war Ingolstadt zu der Zeit, zu der hier der Landtag zusammentrat, fast noch ein Dorf. Gerade einmal 4.500 Bürger wurden gezählt, einige Jahrzehnte zuvor waren viele davon noch als Pfahlbürger registriert worden, weil sie ihre Häuser in den sumpfigen Donauauen auf Stelzen gestellt hatten. Und zu kleinstädtischem Leben erwacht war Ingolstadt nur, weil ein Herzog mit dem bezeichnenden Namen Ludwig der Reiche einen Teil seines Vermögens aufgebracht hatte, um 1472 die Ingolstädter Universität zu gründen: „Ein hohe gemein wirdig und gefreyet Vniuersitet vnd Schuel in vnser Stat Inngolstat".

Putto mit Brauerkellen – Fenster des Ingolstädter Münsters

Immerhin gab es da schon 35 Brauer in der Stadt, aber sie alle zusammen schienen nicht in der Lage zu sein, den Bedarf der Studenten zu decken, klagte doch ein Jahr nach dem Erlass des Reinheitsgebots Johannes Eck, der Vizekanzler der Ingolstädter Hochschule: „Das Bier ist fast nicht zu genießen. Es muß dringend Abhilfe geschaffen werden, um der Universität die Kraft zu erhalten und damit die Studenten nicht Mangels an Trunk abwandern müssen."

Mangel an Trunk? Gut 250 Jahre später konnte davon keine Rede mehr sein. Da klagten

54

Johannes Eck,
der berühmte
Ingolstädter
Theologe und
Gegner Luthers

die Ingolstädter Brauer darüber, dass die 45, allerhöchstens aber sechzig Mitglieder des hochwohllöblichen Collegium Albertinum jedes Jahr 2.100 Hektoliter Bier für den Eigenbrauch sieden lassen würden. 2.100 Hektoliter! Die Hofräte möchten bitte nachrechnen: Das ergäbe pro Professor 35 Hektoliter, also 3.500 Liter, summa summarum also zehn Maß Bier pro Tag. Mangel an Trunk?

Eine Brauerkapelle, 35 Brauhäuser, Studenten die wegen Biermangel abzuwandern drohen – solche Meldungen zeigen: Ingolstadt war genau der richtige Platz, um das Bayerische Reinheitsgebot zu beschließen.

55

„WIE DAS BIER IM SOMMER UND WINTER AUF DEM LAND AUSGESCHENKT UND GEBRAUT WERDEN SOLL" – DER LANDTAG VON 1516

„Unseren Gruß zuvor Fürsichtigen, Weisen, lieben Getreuen ...", mit diesen wohlgesetzten Worten luden Herzog Wilhelm IV. und sein mitregierender Bruder Ludwig X. im Winter 1516 zum Landtag nach Ingolstadt ein. Im Jahr 1516 war Wilhelm IV. bereits acht Jahre im Amt, gerade 23 Jahre alt und seit fünf Jahren regierte er ohne Vormund, dafür aber zusammen mit seinem jüngeren Bruder. Und beide zusammen unterschrieben auch den Aufruf an die Landstände: „... demnach tun wir euch solchen Landtag hiermit ankündigen und erstrecken bis auf Sonntag Quasimodogeniti, den dreißigsten Marty ... zu Nachts in Ingolstadt an der Herberg zu seyn und zu beschließlicher und fürderlicher Handlung zu greifen ...".

Wer wurde da angeschrieben, als fürsichtiger, weiser und lieber Getreuer? Es waren die Vertreter des spätmittelalterlichen Ständestaates. Zuvörderst die Adeligen des Landes, an ihrer Spitze der alte Turnieradel, dann der Klerus und schließlich die Städte und Märkte, die das Bürgertum vertraten. Schon 1311 hatte ein überschuldeter Herzog Otto III. seinen niederbayerischen Untertanen ein Steuerbewilligungsrecht eingeräumt, gegen die Zahlung einer einmaligen Abgabe. Und von dieser Zeit an traten in Bayern regelmäßig die Landstände zusammen, um auf einem Landtag über die Geschicke des Fürstentums zu beraten und zu bestimmen.

Staatsrechtlern gilt der Deal Herzog Ottos als Geburtsstunde des Parlamentarismus in Bayern. Bis heute ist es ja die vornehmste Aufgabe der Parlamente, über den Staatshaushalt zu beraten und abzustimmen.

Man kann sich vorstellen, was im Frühjahr 1516 im beschaulichen Ingolstadt mit seinen gerade mal 4.500 Einwohnern los

war: Dutzende von geistlichen Würdenträgern, Adeligen, Ratsherren der großen bayerischen Städte und Märkte strömten mit
ihrem Gesinde in die Stadt und hinzu kamen ja auch noch die
Herzogsbrüder, von denen jeder mit seinem eigenen Hofstaat an-
reiste. Sie alle brauchten Unterkunft und Verpflegung, sicher
auch allerlei Kurzweil in den Zeiten, in denen die Vertreter der
bayerischen Stände nicht in anstrengenden Debatten zusammen-
saßen.

Und anstrengend waren diese Debatten. Erbittert wurde
darum gestritten, wie die aufwendige Hofhaltung der Herzöge
finanziert werden sollte. Aus Sicht von Wilhelm und Ludwig
waren neue Schulden die Lösung des Problems: Neue Kredite in
Höhe von 100.000 Gulden verlangten die fürstlichen Brüder von
ihren Untertanen, und zudem Steuererhöhungen. Doch die Vertreter der Stände zeigten sich renitent: Sie beeilten sich, „unserer
gnädigen Herren den Fürsten anzuzeigen", dass sie das „bittlich
Ersuchen ihrer fürstlichen Gnaden der Steuer halber" ablehnten.
Die Landschaft, so war damals der Name der zum Landtag zu-
sammengetretenen Stände, habe beschlossen „unterthänigst beide
ihre fürstlichen Gnaden mit hunderts tausend Gulden Rheini-
schen, doch nicht mehr, zu helfen und zu geben."

Im Ton äußerst zuvorkommend, fürstliche Gnaden hin, fürstliche Gnaden her, in der Sache aber knallhart. Die frühneuzeitlichen Fürsten, die sich ja als Herrscher von Gottes Gnaden
sahen, mussten sich auf dem Landtag auch bei anderen Themen
erstaunlich viel gefallen lassen. Man stritt erbittert über die
„Händlung in Salzsachen" und verwies die Wünsche der Herzöge
an einen Ausschuss. Schon damals offensichtlich ein beliebtes
Mittel, unliebsame Entscheidungen auf den Sankt-Nimmer-
leins-Tag zu verschieben.

Themen genug für wilde Debatten und allerlei Ränkespiele
blieben. Der Landtag trat ja nur alle paar Jahre zusammen und

zwischen den Zusammenkünften der hohen Herren blieben politische Probleme, Streitfälle und finanzielle Notlagen oft ungelöst auf dem Tisch – jetzt sollten sie in wenigen Wochen gelöst werden. Die Ständevertreter verhandelten Hilfen für den „Schwäbischen Bund" der benachbarten Fürsten, die gerade Mühe hatten, einen Aufstand ihrer Bauern niederzuschlagen. Darüber hinaus hörte man mit Erstaunen die mündliche Erzählung des Grafen Wolfgang von Hag über ein böses Gerücht, nämlich die „fälschliche Angabe über die von gemeiner Landschaft in Bayern in geheim vorhabliche Gefangennehmung des Herzogs Wilhelms".

Zudem ging es um verräterische Hofmeister, denen der Prozess gemacht wurde, um die Fehde, die ein nach Bayern geflohener Untertan des Herzogs von Württemberg diesem antrug, „mit Krieg und Feuer", und um einen Ehezwist im Haus Württemberg.

Für eine neue Gerichtsordnung diskutierte der Landtag unter anderem die Strafen, die Dieben zuzumessen seien, die mindestens einen Gulden gestohlen hatten. Die Landstände schlugen vor: „Ohrenabschneiden, Backenbrennen, mit Gerten streichen, das Land verbieten, an den Pranger stellen und dergleichen Leibstraf mehr". Und natürlich ging es auch immer wieder ums Geld. Das nie reichte. Der gerade eben ausgehandelte Vertrag zwischen Wilhelm und dem Mitregenten Ludwig wurde ausführlich besprochen: Wem stand wie viel von den Staatseinnahmen zu. Und die hunderttausend Gulden an neuen Schulden? Die Herzöge brauchten das Geld dringend. Und die Landstände gaben schließlich nach.

Ach ja, der Aufschlag auf alkoholische Getränke, der dem Herzog zustand und nach zehn Jahren jetzt auslaufen sollte, den könnte man gewiss doch auch noch mal verlängern, von zehn auf zwanzig Jahre. Da aber machten Adel, Klerus und Bürger jetzt endgültig nicht mehr mit: „Es wärten in diesem Artikel Zoll,

„Wie das Bier im Sommer und Winter auf dem Land ausgeschenkt und gebraut werden soll"

„Wir verordnen, setzen und wollen mit dem Rat unserer
Landschaft, daß forthin überall im Fürstentum Bayern
sowohl auf dem Lande wie auch in unseren Städten und
Märkten, die kein besondere Ordnung dafür haben, von
Michaeli bis Georgi ein Maß oder ein Kopf Bier für nicht
mehr als einen Pfennig Münchener Währung und von
Georgi bis Michaeli die Maß für nicht mehr als zwei Pfennig derselben Währung, der Kopf für nicht mehr als drei
Heller bei Androhung unten angeführter Strafe gegeben
und ausgeschenkt werden soll. Wo aber einer nicht Mär-
zen-, sondern anderes Bier brauen oder sonstwie haben
würde, soll er es keineswegs höher als um einen Pfennig die
Maß ausschenken und verkaufen. Ganz besonders wollen
wir, daß forthin allenthalben in unscren Städten, Märkten
und auf dem Lande zu keinem Bier mehr Stücke als allein
Gersten, Hopfen und Wasser verwendet und gebraucht
werden sollen. Wer diese unsere Anordnung wissentlich
übertritt und nicht einhält, dem soll von seiner Gerichts-
obrigkeit zur Strafe dieses Faß Bier, so oft es vorkommt,
unnachsichtlich weggenommen werden. Wo jedoch ein
Gauwirt von einem Bierbräu in unseren Städten, Märkten
oder auf dem Lande einen, zwei oder drei Eimer Bier kauft
und wieder ausschenkt an das gemeine Bauernvolk, soll
ihm allein und sonst niemandem erlaubt und unverboten
sein, die Maß oder den Kopf Bier um einen Heller teurer
als oben vorgeschrieben ist, zu geben und auszuschenken."

das sölhs den pfarrern in vnserm lannde nit gestatt werden
sol/aufgenomen was die pfarzer vnd geystlichen von aigen
weinwachsen haben/vnd für sich/jr pfarzgesellen/priester-
schafft vnnd haußgesynd/auch in der not den kindlpetterin
vnd kranncken leüten/vnnärlich geben/das mag jne gestatt
werden. Doch genärlicher weis/von schennckhens vnd ge-
wins wegen/söllen sy khainen wein einlegen.

Wie das Pier summer vnd wintter auf dem lannd sol geschennckt vnd geprawen werdñ

Item Wir ordnen/sezen/vnnd wöllen/mit Rathe vnnser
Lanndtschafft/das füran allennthalben in dem Fürstenn-
thumb Bayrñ/auf dem lannde/auch in vnsern Stetñ vnd
Märckthen/da deßhalb hieuor kain sonndere ordnung ist/
von Michaelis biß auf Georij/ain maß oder ain kopf piers
über ainen pfenning müncher werung/vnnd von sant Jör-
gen tag/biß auff Michaelis/die maß über zwen pfenning
derselben werung/vnnd derennden der kopf ist/über drey
haller/bey nachgesezter Pene/nicht gegeben noch aufge-
schennckht sol werden. Wo auch ainer nit Mertzñ/sonn-
der annder Pier prawen/oder sonnst habñ würde/sol Er
doch das/kains wegs höher/dañ die maß vmb ainen pfenning schennckhen/vnd verkauffen.Wir wöllen auch sonn-
derlichen/das füran allennthalbñ in vnsern Stettñ/Märck-
ten/vnnd auff dem lannde/zü kainem Pier/merer stuckh/
dann allain Gersten/hopffen/vnd wasser/genomen vnnd
gepraucht sölle werden.Welher aber dise vnnsere ordnung
wissenntlich überfarñ vnd nit hallten würde/dem sol von
seiner gerichtzöbrigkait/dasselbig vas pier/zü straff vnnach-
läßlich/so offt es geschicht/genomen werden. Jedoch wo
ain Geüwirt von ainem Pierprewen in vnnsern Stetten/
Märckten/oder aussin lande/yezüzeytñ ainen Emer piers/

Mauth, Ungeld, und derselben Neuerung oder Aufschlag betreffend, 20 Jahre, da in der alten Erklärung nur 10 Jahre benennt, gesetzt worden. ... Landschaft bittet, Ihrer Gnaden, sofern Ihren Gnaden in den anderen Artikeln Willfahrung geschehen – also bleiben zu lassen". „Also bleiben zu lassen" – das war wirklich starker Tobak für einen Landesfürsten der frühen Neuzeit.

Nein, so ein Landtag war kein fröhliches Spektakel, sondern im Kern ein verbissenes Ringen um Geld. Die Herzöge mussten sich stets aufs Neue versteckte Schulden und ihre ausufernde Hofhaltung vorrechnen und vorhalten lassen. Und die Landstände kämpften fast schon verzweifelt dagegen an, dass aus ihrem Urrecht der Schuldenkontrolle eine Schuldenbewilligungspflicht wurde. Dieser ständige Kampf der Landstände gegen die Geldforderungen ihrer Fürsten führte schließlich dazu, dass Herzog Wilhelm V. Ende des 16. Jahrhunderts nach einer letzten Zahlungsbewilligung versprechen musste, künftig keinen Landtag mehr einzuberufen. Adel, Kirche und Bürger waren es leid, auf diesen Versammlungen unter den strengen Augen ihrer Landesherrn immer neue Geldsummen abzunicken.

Aber schließlich ging, mit Ach und Krach, auch der Ingolstädter Landtag zu Ende. Die Herzöge hatten ihre 100.000 Gulden bekommen, die Guldendiebe neue Strafen, den „Schwäbischen Bund" würde man nach Maßen unterstützen und jetzt waren die Hofräte dran, die Ergebnisse all dieser Diskussionen und Ausschusserörterungen zu Papier – und unters Volk – zu bringen.

Ein dickes Buch fasste die Ergebnisse des Ingolstädter Landtags zusammen. Und in diesem viele Seiten dicken und mit zahllosen Anlagen versehenen Protokoll finden sich auch die paar Zeilen, die alles überdauert haben, was 1516 in Ingolstadt sonst noch so beschlossen wurde – das Bayerische Reinheitsgebot.

Der Originaltext des Bayerischen Reinheitsgebots

Wie wir in vorhergehenden Kapiteln gesehen haben, waren die dürren Zeilen, die der Landtag 1516 in eine Verordnung goss, nichts Neues: Bierpreiskontrollen, Zeitfenster fürs Brauen und auch genaue Vorschriften, was die Zutaten angeht – das alles hatte es auch schon vor dem Ingolstädter Landtag in der einen oder anderen Form gegeben. Aber Wilhelm und sein Bruder Ludwig verschafften den vielen städtischen und teilstaatlichen Brauregeln, die im Lauf der Jahrhunderte niedergeschrieben worden waren, einen gesetzlichen Rahmen, der für das ganze Herzogtum galt. Und darum ist ihr Braugesetz, das erst in viel späterer Zeit als Reinheitsgebot bekannt wurde, eben doch das „älteste bis heute gültige Lebensmittelgesetz der Welt".

Der Ethnopharmakologe Christian Rätsch hat das Bier unter ganz neuen, ein wenig abwegigen Gesichtspunkten untersucht, etwa für sein Buch „Jenseits von Hopfen und Malz. Von den Zaubertränken der Götter zu den psychedelischen Bieren der Zukunft". Er behauptet, das Reiheitsgebot von 1516 sei, richtig gesehen, nicht das älteste Lebensmittelgesetz, sondern das älteste Antidrogengesetz der Welt. Frühe Brauzutaten, wie der Sumpfporst – der stark berauschend wirkt, in höheren Dosierungen zu Krämpfen, Wut und Raserei führt –, Fliegenpilz, Schwarzes Bilsenkraut, Tollkirsche und Stechapfel, seien alles Drogen, die halluzinogene Eigenschaften besitzen. Und Rätsch hegt den Verdacht, dass die bayerischen Herzogsbrüder den Gebrauch dieser heidnischen Ritualpflanzen mit ihrem Reinheitsgebot aus der Welt schaffen wollten.

Die Verordnung ist in drei Hauptthemen gegliedert: In einen brautechnischen Absatz, in dem es um die Zeitspanne geht, in der die Brauer mälzen und sieden durften; in einen volkswirtschaftlichen Teil, in dem der Bierpreis ganz genau festgelegt wird, und zwar fürs ganze Land einheitlich, sowie in einen lebensmitteltechnischen Abschnitt, in dem es um Hopfen und Malz und natürlich auch ums Wasser geht.

ALLEIN GERSTEN, HOPFEN UND WASSER ... – ERGEBEN NOCH KEIN BIER

„DAS MALZ IST DIE SEELE DES BIERS" – VON GERSTE UND GERSTL

Es gibt die schöne Geschichte, der zufolge die Menschheit nur des Biers wegen sesshaft wurde. Irgendwann einmal habe ein steinzeitlicher Jäger und Sammler ein paar vergorene Gerstenkörner geschluckt und einen angenehmen Suri (= Rausch) davongetragen. Und schnell habe man gemerkt, dass es ertragreicher war, dieses Urkorn, die Gerste, anzubauen, statt die Körner mühsam auf Steppen und Wiesen zu sammeln. Wer so ein Gerstenfeld anlegt, um einige Monate später gemütlich sein Bier zu schlürfen, der muss es bewachen, baut eine Hütte, wird sesshaft. So könnte es gewesen sein. Fest steht, schon vor 15.000 Jahren hatten die Menschen im fruchtbaren Vorderen Orient neben Emmer und Einkorn auch Wildgerste auf ihrem Speisezettel und sie zählt auch zu den ersten Getreidesorten, die von Menschen gezielt angebaut wurden.

Heute ist Gerste nach Weizen, Reis und Mais die viertwichtigste Getreidesorte, wozu Millionen Biertrinker gerne das Ihre beitragen. Dass man Bier, wie im Reinheitsgebot verfügt, nur aus Gerste brauen sollte, das hatte freilich keinen brautechnischen

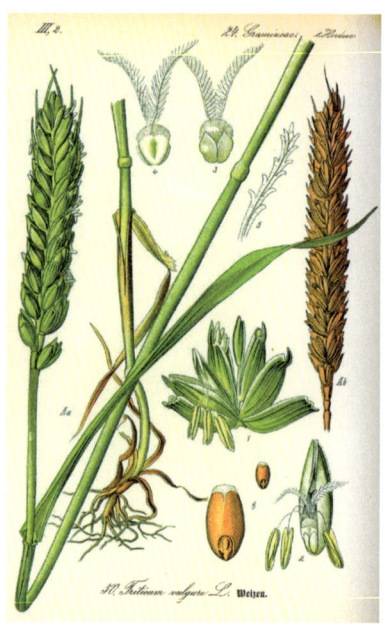

Die gängigsten Getreidesorten fürs Bierbrauen: Gerste und Weizen

Grund. In Zeiten, in denen immer wieder Kriege die Felder verwüsteten und Missernten die Bayern an den Rand einer Hungersnot trieben, da erschien es den Regierenden frevelhaft, das kostbare Brotgetreide zum Brauen zu verwenden. Bei allem Respekt für das „flüssige Brot", Vorrang hatte noch immer die Ernährung in fester Form. Brotgetreide, das war zur Zeit Wilhelms IV. vor allem der Roggen, in Bayern Korn genannt, und der Weizen. Hafer war als Futter für die Pferde, die Pflug, Karren und Kutschen zogen oder streitbare Ritter in Kampf und Turnier trugen, ebenfalls wichtig. Die Gerste wurde in vielen Landesteilen gar nicht angebaut und sie spielte im Wirtschaftsleben nur eine untergeordnete Rolle. Als sich die Brüder Wilhelm und Ludwig nach langen Verhandlungen 1514 auf eine gemeinsame Regierung Bayerns einigten, legten sie vorher auf

Heller und Pfennig fest, wie viel jedem der beiden Herzöge von den Einnahmen des Landes zustand. Eine siebenköpfige Kommission wurde ernannt, die aufs Genaueste herauszufinden suchte, wie der Staatshaushalt denn eigentlich beschaffen sei. Landauf, landab wurden die Steuern, die Zölle und die Mautabgaben erfasst, wobei man damals noch weit erfinderischer war als der Fiskus unserer Tage. Händler mussten einen „Ladenzins" abführen, Schankwirte ein „Zapfengeld", Metzger die „Fleischsteuer", Bäcker ein „Semmelgeld"; es gab eine allgemeine Mai- und Herbststeuer, ein Pflastergeld und eigene Stadtsteuern. Die Kommission ermittelte auch, wie viel den Herzögen aus dem Betrieb von Fähren und durch die Gebühr, die bei Todesfällen erhoben wurde, durch die Erträge von verpachteten Badehäusern und Tavernen, durch Fischweiher, Forsten und Schafweiden zufiel. Vor allem aber wurden die Naturalien aufgelistet, die Bayerns Gemeinden als Zehnten an die Fürsten abtreten mussten: Vieh, Eier, Fische, Käse, Wein, Bier, Holz und Getreide. Und als alles gezählt und gemessen war, kamen die frühneuzeitlichen Steuerfahnder zu dem Schluss: Im „Furstenthumb ze Bayrn" stehen den Herzögen zu:

„1079 Schaff Weizen
4251 Schaff Rockhen
5519 Schaff Habern und
352 Schaff Gersten."

Vor allem Hafer, Roggen und Weizen bauten Bayerns Getreidebauern also an. Diese Sorten lieferten sie an den Hof und diese drei Arten Brot- und Futtergetreide finden sich auch in den herzoglichen „Kästen", Vorratsspeichern, in denen man Getreide für Notzeiten aufbewahrte. In solchen Notzeiten – und die gab es erschreckend häufig – wurde dann aber auch die robuste Gerste zum geschätzten Nahrungsmittel. Man konnte sie für Grütze, Mehl oder Suppen verwenden, wenn es ganz schlimm kam, sogar ein armseliges Brot daraus backen. Und wenn die Kornspeicher leer waren, dann durfte auch die Gerste nicht mehr zum Brauen verwendet werden. Dann galt der Spruch nicht mehr: „Drei Bier sind ein Essen". Schmalhans wurde nicht nur Küchen-, sondern auch Braumeister.

Im September 1317 befahl Kaiser Ludwig der Bayer auf dem großen Landtag zu München, wegen allgemeiner Getreidenot ein ganzes Jahr lang das Malzen und Biersieden einzustellen, „daß man im Lande desto besser Kost haben möge". Solche Brauverbote wurden immer wieder verhängt und noch im Jahr 1571 untersagte Herzog Albrecht V. das Sieden braunen Biers in München und ganz Bayern, „weil es eine Knappheit beim Brotgetreide Roggen gab" und um „wenigstens genug Gerste zu haben."

Vor dem Erlass des Reinheitsgebots konnten die Brauer bei einem totalen Brauverbot für Getreide problemlos auf andere Grundprodukte ausweichen. Die „Münchner Bier-Chronik" von 1888 beklagt die „Herstellung wohlfeiler Biere, deren Beschaffenheit nicht geeignet sein konnte, den Bierverbrauch zu heben". Man braute nunmehr Ingwerbier, Wacholderbier, Wermuthbier, Chinabier, Fichtensprossenbier, Gurkensamenbier, Hollunderbier, Nelkenpfefferbier und Maisbier, ja sogar Runkelrüben und Tannenzapfen landeten im Sudkessel.

Was weltweit alles zusammengebraut wurde, hat 1846 ein Doctor der Medizin, Chirurgie und Geburtshilfe mit dem passenden Namen Gustav Wilhelm Ludwig Hopff ermittelt – für sein alle Aspekte des Brauwesens untersuchendes Buch mit dem allumfassenden Titel „Das Bier in geschichtlicher, chemischer, medizinischer, chirurgischer und diätischer Beziehung"! Hopff hätte offensichtlich eine endlose Liste vorlegen können, denn er schreibt zu Beginn seiner Aufzählung: „Begnügen wir uns mit dem Folgenden":

„Bier aus Stärkemehl
Wacholderbier
Haidekraut-Bier
Pflaumen und Zwetschgen-Bier
Russisches Quas aus Roggen-, Hafer-, und Gerstenmehl
Kosakenbier aus Hafer und Hirse
Das Atolla der Mexikaner aus Mais
Tatarenbier aus Stutenmilch, Mais, Roggen und Gerstenmalz
Das Bier der Mauren, aus Weizen und anderm Getreide, dem sie
noch zur Berauschung eine Art Hanf hinzufügen, Haschischa
genannt
Das Choca der Insel Mocha aus Mais, das die alten Weiber mit
ihren Zahnstümpfen kauen müssen, wobei ihr Speichel als Hefe
dient
Die Battnier stellen ihr Bier aus Birkenrinde und verfaulten
Fischen her
Auf der Insel Neuguinea braut man Bier aus dem Mark der
Fächerpalme".

Fichten- und Tannensprossen, Bananen und Süßkartoffeln, Melasse und Maniok, Honig und Obst – Bier, so lernt man aus der Lektüre der Hopff'schen Aufzählung, lässt sich aus praktisch allen Pflanzen brauen.

Ob man allerdings „Gelüste nach dem Muchumor der Korjaken finde", bezweifelt Hopff. Die Korjaken, die in der fernöstlichen Kamtschatka zu Hause sind, brauten zu Hopffs Zeiten ihr Bier „aus Fichten, Tannen, Roggen, Gerste und einer im russischen Reiche wachsenden Pflanze, Naliv genannt. Das Gebräu soll so anziehend seyn, daß die Armen, die sich des Getränkes nicht theilhaltig machen können, sich um die Hütten der Reichen lagern, und wenn einer sein Wasser abschlage, es in Schalen auffangen und sich von demselben noch berauschen".

> „Schmecket ein Bier nach dem Faß, so legt man ein heisses, voneinander gebrochenes Gerstenbrot, so bald es aus dem Ofen kommt, auf das Spundloch ... so wird aller übler Geschmack weg sein."
>
> Johann Heinrich Zedler: Grosses vollständiges Universal-Lexicon aller Wissenschafften und Künste" (1731–1754)

Heute verwenden die Brauer speziell gezüchtete Braugerste, die günstigere Eigenschaften hat als die Futtergerste. Und sie geben ihr vor allen anderen Getreidearten den Vorzug, nicht nur, weil es im Reinheitsgebot so festgeschrieben ist. Die Gerste schützt

Gerstenkörner

mit ihren langen starren Spelzen das Korn vor Beschädigung, wenn es beim Mälzen immer wieder bewegt wird. Diese Spelzen ergeben später dann eine natürliche Filterschicht, wenn die Maische geklärt werden muss. Und, von allen Getreidearten ist es die Gerste, die ihren Stärkeanteil am schnellsten in Malzzucker umwandelt.

„DER HOPF IS A TROPF" –
UND WILL JEDEN TAG SEINEN HERRN SEHEN

Viele Historiker, die sich mit dem Reinheitsgebot befasst haben, sind sich einig: Was dieses Gesetz erst zu dem bedeutenden und bis heute gültigen Lebensmittelgesetz macht, das ist die Vorschrift, dem Bier nichts als Hopfen zuzusetzen. Wir haben ja schon gesehen, mit welch unsäglichen Mitteln die Brauer immer wieder versucht haben, einen Sud aufzuhübschen, überhaupt erst zum Gären zu bringen oder zu verhindern, dass das Bier sauer wurde. An die Stelle all dieser, oft gesundheitsschädlichen Kräuter und Tinkturen sollte jetzt der Hopfen treten. Und der wurde dem Bier ja nicht nur als Geschmackskomponente beigesetzt, sondern vor allem als stabilisierendes Element. Das Bier sollte durch den Hopfen haltbarer werden. Hatte doch die große Heilerin Hildegard von Bingen schon Mitte des 12. Jahrhunderts geschrieben, dass die Bitterkeit des Hopfens ganz allgemein die Fäulnis verhindere. Schon dieser Erkenntnis wegen sollte sie von den Brauern geehrt werden, zur Zunft-Heiligen aber müsste sie wegen eines anderen Spruchs erkoren werden: „Cerevisiam bibat – Man trinke Bier".

Als Heilpflanze kannte man den Hopfen schon lange. Zwischen 1731 und 1754 verfasste Johann Heinrich Zedler das „Grosse vollständige Universal-Lexicon aller Wissenschafften und Künste". Und darin findet sich zum Hopfen der Verweis auf die Zeiten der Karolinger, das fränkische Herrschergeschlecht, dessen berühmtester Vertreter Karl der Große war: „Der Hopfen war in Deutschland schon zu den Zeiten der Carolinger bekannt, und wurde schon häufig als Zusatz zum Bier gebraucht. Schon in einem der Schenkungsbriefe König Pippins werden Hopfengärten, humulonariae genannt." Mitte des 8. Jahrhunderts wurde dieser Pippin zum Frankenkönig gesalbt. Hopfengärten sind also wirklich schon lange Teil der europäischen Kulturlandschaft. Ob dieser frühe

Hopfenanbau allerdings schon den Brauern zugute kam, ist umstritten. Zunächst nutzte man den Hopfen wohl als Medizinalpflanze. Als Beruhigungsmittel stufte ihn Hildegard von Bingen ein, die noch nicht wissen konnte, dass der Hopfen zur Familie der Cannabaceae, der Hanfpflanzen, zählt. Doktor Hopff, der schon zitierte Biergelehrte, nannte den Hopfen noch 1846 als Mittel der Wahl bei „Rachitis, Gicht, Schlaflosigkeit, Störungen im Verdauungsgeschäfte, Geschwülsten und kalten Abzessen". Und er war sich auch sicher: Der „Hopfen wirkt einerseits als flüchtig-balsamisch-tonisches Mittel belebend und erhebend auf die Thätigkeit des gesammten Reproduktionssystems, der Haut- und Harnorgane".

Wohl im ausgehenden Mittelalter begann man, die weiblichen Dolden des Hopfens dem Bier zuzusetzen, wo sie, wie man heute weiß, eine dreifache Wirkung entfalten: beruhigend, konservierend und schaumstabilisierend.

Es gab dann aber noch lange keine großen, geschlossenen Anbaugebiete, wie heute etwa in der Hallertau oder im fränkischen Spalt, wo 1450 23 Weingärten, aber auch schon 43 Hopfengärten gezählt wurden. Und wo es bis heute heißt: „In Spalt, in Spalt, dou wern die Leit got alt; sie kenna nix dafür, dös macht ös goute Bier".

Wie wichtig der Hopfen für ein gutes Bier ist,
das kann man einem Vers entnehmen:
„Ich hab den Wind belauscht,
der durch den Hopfen rauscht.
Das Bier in diesem Jahr
wird wieder wunderbar".

70

Der Hopf is a Tropf.

Überall da, wo Braustätten entstanden, legte man auch kleine Hopfengärten für den lokalen Verbrauch an. In München zum Beispiel auf dem Gebiet des „Alten Botanischen Gartens", der im Zentrum der Landeshauptstadt liegt. Heute decken die grünen Dolden aus den großen deutschen Hopfenanbaugebieten siebzig Prozent des europäischen und ein Drittel des Weltverbrauches. Meist zu Pellets weiterverarbeitet, werden Sorten wie Nugget, Hallertauer Magnum, Herkules oder Opal in hundert Länder exportiert.

Nugget, der Name klingt vielversprechend, und der Hopfenanbau ist auch ein lohnendes Geschäft. Aber er verlangt seinem Herrn auch allerhand ab an Arbeit und Kenntnis. Nicht umsonst heißt es: „Der Hopf will jeden Tag seinen Herrn sehen." Und wie viel dann mit ein paar Tonnen Siegelhopfen verdient ist, das ent-

71

scheidet sich weit weg von den Höfen der Hopfenbauern. Die Preise werden auf dem Weltmarkt festgesetzt und können von Jahr zu Jahr ganz beträchtlich schwanken. Auch darum lautet der alte Klagespruch der Hallertauer Hopfenbauern: „Der Hopf is a Tropf".

Das Thema Hopfen ist auch für Bibliotheken wichtig. Hopfendolden hinter den Buchreihen regulieren die Luftfeuchtigkeit und halten Insekten fern.

Links: Moderne Hopfenverarbeitung

Unten: Nur die weiblichen Hopfendolden werden zum Brauen verwendet.

Hopfenzupfer in alter Zeit

„SEELE DES MENSCHEN, WIE GLEICHST DU DEM
WASSER!" – WIE DAS BRAUWASSER DAS BIER PRÄGT
Es ist nicht nur die menschliche Seele, die, wie Goethe es sah,
dem Wasser gleicht, man kann dies auch vom menschlichen Körper sagen. Was haben der menschliche Körper und das Bier gemeinsam? Beide bestehen zu über siebzig Prozent aus Wasser.
Kaum eine Brauerei, die nicht werbewirksam darauf hinweist,
dass ihr Bier mit besonders gutem Brauwasser gesotten wird. Dabei ist es heute keine Kunst mehr, Wasser aus dem Leitungshahn
durch Enthärter, Ionenaustauscher oder andere physikalische und
chemische Prozesse genau so einzustellen, wie es für die Bier-
sorte, die gerade gebraut werden soll, am besten ist. In früheren
Jahrhunderten war das nicht so einfach. Zum einen war das
Trinkwasser oft verschmutzt und bakterienverseucht – kein Wunder, wo sich doch in den Städten und Märkten der Unrat in den
Gassen türmte, so mancher Bürger in Ermangelung einer Toilette

73

sein Potschamperl, seinen Nachttopf, einfach in den Hinterhof
kippte und in den Straßen Hühner und Schweine und anderes
Viehzeug herumliefen. Auch deren Hinterlassenschaften sicker-
ten ins Grundwasser ein. Und auf dem Land war es nicht viel
besser. 1567 heißt es über einen bayerischen Dorfteich: „Weder
Vieh noch Leut, dieffe das wasser mit nichte geniessen". Uralt die
Geschichte vom Gemeindediener, der an bestimmten Tagen
glockenschwingend verkündete, die Bewohner sollten in den
nächsten Stunden ihr Geschäft nicht in den Dorfbach verrichten,
weil der Bräu gedenke einen Sud anzusetzen. Und der gelehrte
Medicus Hopff, dem wir schon begegnet sind, schreibt über seine
Kindheit: „Noch aus meiner Jugendzeit erinnere ich mich, dass
man in meiner Vaterstadt Zweibrücken das Bier auch scherzweise
Kasernen-Brühe nannte, da das dazu gebrauchte Wasser an den
Abtritten der Chevauxlegers-Kaserne vorbeifließt".

Um das Jahr 1800 herum mag das gewesen sein. Brauwasser
stand also nicht immer und überall in der gebotenen Qualität zur
Verfügung. Und das mag, um noch einmal auf das Thema Wein
zurückzukommen, mit ein Grund dafür gewesen sein, dass die
Bayern zeitweise dem Rebensaft den Vorzug gaben vor einem
Trunk, der auch einmal krank machen konnte, und das nicht nur
der Promille wegen. Nicht alle Bayern wohnten in so idyllischen
Orten wie Wolfratshausen oder Schäftlarn, wo das Wasser kris-
tallklar aus den Quellen des Isartals sprudelte. 1815 notierte sich
der Historiker Ignaz Joseph von Obernberg für seinen Reise-
bericht „Der Isarkreis": „Das Wasser wird von den Einwohnern
getrunken, mit selbem das Vieh getränkt, und Bier gesotten, das
jeder Säure widersteht." Und im Lied vom Hofbräuhaus heißt es:
„Wasser ist billig, rein und gut".

Aber selbst solch scheinbar reines Quellwasser hatte Verunrei-
nigungen. Benno Scharl verfasste zu Beginn des 19. Jahrhunderts
das Standardwerk „Beschreibung der Braunbier-Brauerey im

Hildegard von Bingen lässt selbst „die wertlosen und schädlichen Feuchtigkeiten der Erde" als Brauwasser zu: „... auch kann man Brot, Speise und Bier, das mit ihm gekocht wird, in Maassen nehmen, weil man es durchs Feuer reinigt".

Königreiche Bayern". Und darin schreibt er über das Brauwasser: „Es ist außer Zweifel, daß alle Quellwässer fremde Bestandtheile mit sich führen, und zwar diejenigen, welche sie in den unteren Erdschichten finden. Diese Vermischung mit anderen Bestandtheilen ist indeß der Auflösung des Malzschrotes und der Bierbrauerei überhaupt nicht sehr schädlich und es läßt sich demnach gutes und schmackhaftes Bier damit erzeugen."

Dennoch empfahl Scharl, das Brauwasser in einem mit Flusssand ausgekleideten Weiher vorzuklären, notfalls auch vor dem Brauen schon einmal aufkochen zu lassen und dann den Schaum an der Oberfläche und den Schlamm am Boden des Kessels abzuschöpfen.

Wenn ein Braumeister dann endlich gesundheitlich unbedenkliches Wasser in seine Sudpfanne pumpen konnte, fing die Wissenschaft eigentlich erst an. Wasser ist nicht gleich Wasser, vor allem durch den Härtegrad unterscheidet es sich. Regenwasser ist weich, auch das Wasser, das aus Granit, Gneis oder Basalt sprudelt, hat sehr niedrige Härtegrade. Filtert sich Regenwasser durch Sandstein oder ein Kalkgebirge, dann wird es hart. Und diese Wassereigenschaften haben sich ganz entscheidend auf die Entwicklung der verschiedenen regionalen Bierspezialitäten ausgewirkt.

Ein Pils mit seinem Hopfenaroma braucht sehr weiches Wasser, wie es aus dem Granitsockel des Böhmerwaldes sprudelt.

Die am Malzaroma orientierten dunklen Biere, wie sie bis heute in Bayern oder Sachsen gebraut werden, gelingen am besten mit härterem Wasser.

Schön fasst es ein Jahrbuch der Gesellschaft für Geschichte des Brauwesens zusammen: „Den Brauern blieb früher nichts anderes übrig, als ihre Rezepte solange zu variieren, bis das Ergebnis stimmig war. Man braute dazu mit unterschiedlich dunklen Malzen, mit verschiedenen Hopfengaben, mit Stammwürzen, und mal wurde das Bier besser mal schlechter. Dass es mit dem Wasser zusammenhing, wusste man vermutlich lange nicht, aber so haben sich über die Jahrhunderte Bierstile an ihre Bräuwasser angepasst".

Es wird im erlauchten Zirkel der Braugeschichtler sogar die These vertreten, dass die Münchner nur deshalb Brauer von Weltruf wurden, weil sie sich mit ihrem fürchterlichen Brauwasser aus der kalkhaltigen Schotterebene auseinandersetzen mussten. Das kam, spätestens seit 1511, aus Quellen am Isarhochufer in die Sudhäuser. In diesem Jahr wurde „Das Wasserhaus am Isarberg" gebaut. Das Quellwasser floss in Bleirohren zu einem Wasserturm und wurde von dort aus über ausgehöhlte Baumstämme in die Stadt geleitet. Zur Freude der Bürger und Brauer: „Es läßt sich leicht denken, daß bei diesem großen Wasserreichthume an herrlichen Springwässern kein Mangel sey".

Erst gegen Ende des 19. Jahrhunderts wussten die Münchner Brauer, wie man das kalkhaltige, harte Wasser der Isarebene mithilfe von physikalischen und chemischen Mitteln weicher machen konnte. Und erst in den 1950er Jahren kam in Bayern heimisches „Pilsner" auf den Markt, das schnell als „Helles" das bisher dominierende „Dunkle" verdrängte.

> „Überall in Europa – außer in den Bergen – ist das Wasser
> schal und fade, jenseits dessen, was Worte beschreiben
> können. An vielen Orten scheint es sogar so etwas wie
> Verbote zu geben. In Paris und München zum Beispiel
> sagen sie: ‚Das Wasser nicht trinken, es ist schlicht und
> einfach Gift‘.“
>
> Mark Twain: „A Tramp abroad“ (1880)

„DIESE THIERE VERSCHLUCKEN FORTWÄHREND ZUCKERWASSER ...“ – DAS RÄTSEL DER HEFEGÄRUNG

Ohne Hefe könnte man den im Reinheitsgebot vorgegebenen Sud aus Gerstenmalz, Wasser und Hopfen monatelang vor sich hinköcheln lassen, es käme kein Bier dabei heraus.

Dass man zum Bierbrauen neben Getreide auch Hefe brauchte, muss den frühen Braumeistern verborgen geblieben sein. Aber sie wussten sich zu helfen. 1868 ließ König Ludwig II. den Grundstein legen – nein, nicht zu einem weiteren Märchenschloss, sondern zur Münchner „Polytechnischen Schule“, die bald darauf erweitert und umbenannt wurde in „Königlich Bayerische Technische Hochschule“. Die moderne TU München betreibt auf dem brauhistorischen Hügel Weihenstephan bei Freising das Forschungszentrum für Brau- und Lebensmittelqualität. Dr. Martin Zarnkow leitet dort die Abteilung Forschung und Entwicklung und ist so etwas wie der „Deutsche Hefepapst“. Er weiß: „Hefepilze sind recht clever. Sie fliegen nicht einfach wahllos in der Luft herum, sondern sammeln sich dort, wo Aussicht auf Nahrung besteht – Zucker und Stärke. Hefen siedeln gerne auf Trauben, auf Äpfeln, Datteln und auch auf Getreide. Und, sie versammeln sich, dieser Logik folgend

$$\text{Glucose} \xrightarrow{4H} 2\ CH_3-C-C \xrightarrow[\substack{\text{Pyruvat-}\\ \text{decarboxylase}}]{} 2\ CH_3-C \xrightarrow[\substack{\text{Alkohol-}\\ \text{dehydrogenase}}]{} 2\ CH_3-C-\overline{O}-H$$

$$2\,CO_2 \qquad 2\,NADH + 2H^+ \quad 2\,NAD^+$$

Glucose   **Pyruvat**   **Ethanal**   **Ethanol**

Bruttoformel alkoholischer Gärung

auch besonders gerne da, wo sie schon einmal etwas zu fressen bekommen haben. In Bäckereien und Brauereien gab es immer schon eine hohe natürliche Konzentration von wilden Hefe-pilzen, die nur darauf warteten, dass wieder ein neuer Sauerteig oder ein neuer Sud angesetzt wurde".

Dieses „Fressverhalten" der Hefepilze machten sich schon die sumerischen Braumeister zunutze. Sie steuerten die Gärung ihres dem russischen Kwass ähnlichen Biers durch die kontrollierte Beigabe von Hefe in Form von Sauerteigbroten. Zwei Arten von Bier kannten die Sumerer: Ein „Helles", das hochwertiger war, und ein „Dunkles". Die gängige Rezeptur für das helle Bier war: ein Drittel Gerste, ein Drittel Emmer (ein Urgetreide), ein Drit-tel Sauerteigbrot.

Dr. Zarnkow hat in Weihenstephan mit solchen Sauerteig-broten Versuche angestellt: „Wenn man diese Brote nur sanft bäckt, sodass sie eine Kruste bekommen, das Innere aber weich und feucht bleibt, dann fühlen sich die Hefebakterien in diesem Umfeld äußerst wohl, man hat dann sozusagen ein Einweckglas voller Hefepilze in Brotform. Die alten, vorderasiatischen Brau-meister wussten auch schon, dass sich in den Rückständen der Bierherstellung, im Treber, weiter aktive Hefestämme tummeln.

Sie hatten spezielle Gefäße mit einem Lochboden, in denen der Treber gesammelt und getrocknet wurde. Und diesen Treber gaben sie dann etwa ihren Boten mit auf den Weg. Mit Wasser aufgegossen hatte der Bote zum Frühstück ein nahrhaftes Müsli und abends dann, wenn die Hefezellen die Gärung in Gang gesetzt hatten, ein mehr oder minder schmackhaftes Bier".

In der Römerzeit hatte sich aus dem Hantieren mit Sauerteigbroten und Treberbier schon eine regelrechte Hefezucht entwickelt. 77 nach Christus beschrieb der römische Schriftsteller Plinius der Ältere dieses Verfahren in seinem naturgeschichtlichen Grundsatzwerk. Man wusste spätestens jetzt, was die Hefe bewirkte, aber wie genau der Vorgang vonstatten ging, wusste man lange nicht. Die ersten „europäischen" Bierbrauer müssen über ihren Sudkesseln oftmals schier verzweifelt sein. An manchen Tagen gelang es, ein wohlschmeckendes Bier herzustellen, an anderen Tagen kam die Gärung nicht recht in Gang oder das Bier wurde gar sauer. Der Hefepapst von Weihenstephan, Dr. Zarnkow, erklärt dies ganz einfach damit, dass die Hefepilze nicht allein auf der Welt sind, sondern Konkurrenten und Fressfeinde haben: „Natürlich gibt es fast überall in der Luft Hefekeime. Jeder kann sich eine Bierwürze aus Malz, Wasser und Hopfen zusammenrühren und dann einen Topf davon aufs Fensterbrett stellen. Dann kommen erst einmal die Milchsäurebakterien angeflogen, dann die Hefen und schließlich die Essigsäure. Wenn die Hefepilze schneller sind, wird's ein trinkbares Bier, setzen sich die Essigsäurebakterien durch, dann wird das Bier schon beim Gären sauer".

Kein Wunder, dass dem Bierbrauen im Mittelalter und noch eine ganze Weile danach etwas Magisches anhaftete und man, wie ja schon zu lesen war, mit Diebesdaumen, Henkersstricken und dem Absingen frommer Lieder der Braukunst auf die Sprünge helfen wollte. Und dass der Zoigl- oder Brauerstern, der zu einem

Symbol der Biersieder wurde, nichts anderes ist als das Symbol der mittelalterlichen Alchemisten.

Aber – auch wenn man nicht genau wusste, was es eigentlich war und wie es wirkte, man kannte die Hefe, spätestens seit Plinius.

In Belgien gibt es heute noch ein Bier, dass nach dem Wortlaut des Bayerischen Reinheitsgebots gebraut wird, also ohne Zusatz von Hefe: das Lambic, dessen Name sich wahrscheinlich vom flämischen Wort für Braukessel, alambiek, ableitet. Für das Lambic wird ganz traditionell ein Sud aus Wasser, Hopfen und Malz angesetzt, der dann offen im Brauhaus stehen bleibt und sich die zur Gärung nötigen Hefepilze aus der Luft fängt. Haben sich genügend Hefepilze im Sud eingenistet, beginnt eine Spontan-gärung, die der Brauer weder steuern noch beschleunigen kann, manchmal dauert es Monate, bis ein Bier mit einem Alkoholgehalt von maximal fünf Prozent entsteht. Und manchmal bleibt die Gärung auch ganz aus. Es gibt da die Geschichte von dem bayerischen Braumeister, den sich eine belgische Lambic-Brauerei ins Haus holte. Der zeigte sich entsetzt von der Unordnung und dem, auf gut Bayerisch gesagt, Dreck im Sudhaus und ließ dieses erst einmal gründlich reinigen. Mit dem Ergebnis, dass er und seine belgischen Brauburschen wochenlang mit recht langen Gesichtern um den ersten Sud herumstanden. Die Spontangärung blieb aus, weil die uralten Hefestämme, die auf den Balken und Bierbottichen genistet hatten, der Putzwut des Bayern zum Opfer gefallen waren.

Links: Die Hefe wurde dem Sud oft flüssig zugegeben – aus Hefekänn-chen.

Rechts: Alte Bierkrüge mit dem Zoiglzeichen der Brauer

Und, wie im Singsang des Rumpelstilzchens angedeutet, waren es vor allem zwei Berufsgruppen, die damit zu tun hatten: die Bäcker und die Brauer – „Heute back ich, morgen brau ich …". Die Münchner Brauer belieferten von alters her die Bäcker mit der Hefe, die beim Brauen entstand. 1420 gab München allen Zünften eine eigene „Polizeiordnung" und in der der Brauer hieß es: „Den Bäckern sollten die Brauer geben halb Hefen und halb Wasser".

Zwischen den beiden Zünften kam es aber zu Beginn des 16. Jahr-hunderts zu einem kuriosen Zwist. Traditionellerweise sahen sich die Brauer als Hüter der Hefe, weil diese beim Gärprozess ja reichlich anfällt. Diese Gärhefe wurde getrocknet und an die Bäcker verkauft, die sie ihrem Sauerteig zusetzten. Aber irgend-wann gingen die Bäcker dazu über, sich ihre Hefe in der eigenen Backstube zu züchten; den Brauern verdarben ihre Gärpilze im

Der sechseckige Zeugl-, oder Zoiglstern wird von zwei ineinander gesteckten Dreiecken gebildet. Die sechs Spitzen sollen zum einen die am Biersieden beteiligten Elemente Feuer, Wasser und Luft symbolisieren und dazu auch noch die drei Bierzutaten, die man im Mittelalter kannte: Malz, Hopfen und Wasser. Bei den Alchemisten des Mittelalters symbolisierten die beiden Dreiecke, aus denen das Hexagramm besteht, die Elemente Feuer und Wasser. Da lag es natürlich nahe, die beiden Begriffe zusammenzuziehen zu „Feuerwasser". Auch das wird als Erklärung für das uralte Zunftzeichen der Brauer herangezogen.

Lager. Der Streit zwischen den Erzeugern des flüssigen und des festen Brotes wurde so heftig, dass schließlich der Herzog persönlich schlichten musste. Im Jahr 1500 war das Albrecht IV., genannt der Weise – das aber vermutlich nicht, weil er im Hefestreit so erfolgreich vermittelt hatte. Der Schiedsspruch zugunsten der Brauer war nicht ganz uneigennützig. Die Räte des Fürsten argumentierten, wenn man den Bäckern den Hefehandel erlauben würde, dann schade das dem Brauwesen und dadurch würde den Biersteuern „nit wenig Abbruch zugefügt". Endgültig entschieden wurde dieser Streit erst 1517 von Wilhelm IV., ein Jahr nach dem Erlass des Bayerischen Reinheitsgebots. Die Bäcker wurden verpflichtet, die Hefe „wie von Alter herkommen" von den Brauern zu beziehen. Dafür mussten die Münchner Brauer einen eigenen Hefekeller einrichten, mit getrennten Räumen für untergärige und obergärige Hefe.

1517 hatten also zumindest die Münchner ihre Back- und Brauhefe in trockenen Kellern, aber es sollte noch einmal mehr als 150 Jahre dauern, bis man begann, das Geheimnis der Hefe zu lüften. 1680 brachte der niederländische Naturforscher Antoni van Leeuwenhoek einen Biertropfen unters Mikroskop und bekam dort „little animacules" zu Gesicht, „kleine Tierchen". Wie man sich diese kleinen Tierchen genau vorstellen musste, beschrieb dann 1846 der uns schon bestens bekannte Dr. Hopff.

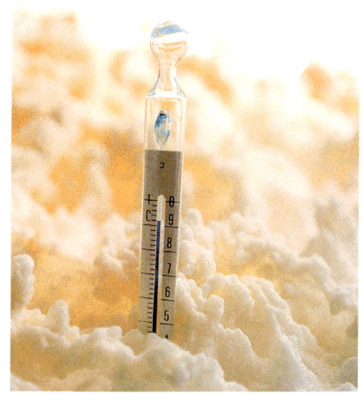

Oben: Hefe-
kolonien nach
der Fermen-
tation als Geest
auf dem Jung-
bier

G.W.L. HOPFF

BIER

Links: Das Titel-
bild des kuriosen
Bierbuchs von
Dr. Hopff.

In seinem Standardwerk „Das Bier in geschichtlicher, chemischer, medizinischer, chirurgischer und diätischer Beziehung mit Rücksicht auf seine Verschiedenheiten, seine Verfälschungen und deren Entdeckungen" schreibt er über die Brauhefe: „Die unendlich kleinen, mit Eiweissfäden untermischten Kügelchen, in welche sich die Hefe in Wasser zertheilt, sind Thiere, und erscheinen, in Zuckerwasser unter das Mikroskop gebracht, als Eier, schwellen an, platzen und entleeren Thiere, welche die ganz besondere Gestalt eines Destillirapparats besitzen."

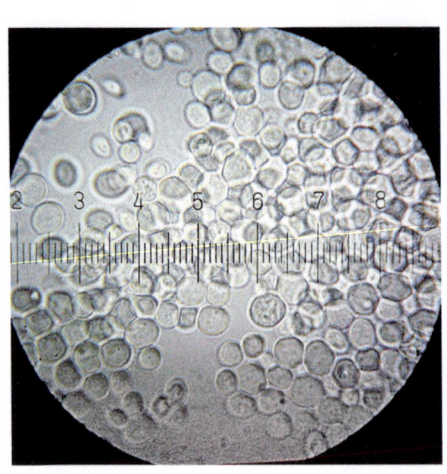

Mikroskopbild des Hefepilzes

Das Mikroskop, das Dr. Hopff 1846 benutzt hat, muss von erstaunlicher Schärfe gewesen sein, denn der Hefeforscher konnte damit feinste Einzelheiten erkennen: „Die Röhre des Helms ist ein mit feinen Borsten besetzter Saugrüssel, Magen, Darm, Anus, Harnorgane sind zu unterscheiden. Diese Thiere verschlucken fortwährend Zuckerwasser, verdauen es und entleeren aus dem Anus Weingeist, aus den Harnorganen Kohlensäure".

Weingeist, das ist nichts anderes als Ethanol, umgangssprachlich Alkohol, von der Wissenschaft perfiderweise als „Lebergift" eingestuft, und Kohlensäure sorgt für den Schaum, etwa beim Hefeweizen, wo er ja ganz besonders ausgeprägt ist. Und ausgeprägt ist hier natürlich auch noch etwas anderes, der typische Hefegeschmack.

Nützliche Tierchen also, die Dr. Hopff unter seinem Mikroskop werkeln sah. Unentbehrliche Helferlein beim Bierbrauen. Und vor

Schaum vor dem Mund ...

Dr. Hopff hatte es fein beobachtet: Wenn sich die Hefe über den Malzzucker hermacht, dann ensteht dabei nicht nur Alkohol, sondern auch Kohlensäure. Und die bleibt zum Teil im Bier gebunden, so lange bis ein Fass angezapft oder eine Flasche geöffnet wird. In diesen Gefäßen gefangen, steht die Kohlensäure unter Druck und kann sich nicht entfalten. Strömt das Bier aus dem Zapfhahn oder dem Flaschenhals, dann beginnt die Kohlensäure befreit zu perlen. Und zwar umso heftiger, je wärmer das Bier ist. Ist das Bier zu kalt, schäumt es nur wenig, ist es zu warm, hat man fast nur Schaum im Glas. Zwischen sechs und acht Grad sollte die Temperatur liegen, dann bildet sich eine schöne Schaumkrone. Aber das liegt nicht an der Kohlensäure alleine. Kohlensäurehaltiges Mineralwasser oder Champagner perlen ja auch im Glas, eine Schaumkrone bildet sich dabei aber nicht. Beim Bier liegt es an mikroskopisch kleinen Rückständen von Gerste oder Weizen, die auch nach dem Filtern noch in der Flüssigkeit schweben. Sie lagern sich an die aufsteigenden Kohlensäurebläschen an und verkleben diese an der Oberfläche zum Schaum.

allem fleißige Helfer: „Fortwährend sieht man aus dem After der Thiere Strömchen von Weingeist emporsteigen und aus den verhältnismässig enorm grossen Genitalien in kurzen Zwischenräumen Kohlensäureströme hervorbrechen".

Heute weiß man längst, dass die „Hefe-Thierchen" des Dr. Hopff in Wirklichkeit einer ganz anderen Lebensform angehören:

Es sind Pilze, und wenn man die unter einem modernen Mikroskop betrachtet, dann sieht man ein nüchterneres Bild als das gerade beschriebene: keine Saugrüsselchen und auch keine enorm großen Genitalien.

Und warum wurde die Hefe im Bayerischen Reinheitsgebot von 1516 nicht genannt? Vermutlich, weil man damals schon wusste, dass sich das Gärmittel während des Brauens immer wieder neu selbst erzeugte. Man sah es also nicht als Zutat, sondern eher als Ergebnis des Brauvorgangs.

Der bayerische Ökonomie-Verwalter und Brauexperte Benno Scharl hatte dies schon im ausgehenden 18. Jahrhundert erkannt. „Außführliche Beschreibung des Bräuwerks, wie man aus der Gersten ein Malz und aus diesem Malz ein Bier zu machen pflegt" heißt die Schrift, in der er über die Hefe sagt: „Das Bierzeug oder das Gährungsmittel macht sich vom Bier selbst und wird im Winter von einem Sud zum anderen genommen. Am Ende des Sudwerks dörren einige den Unterzeug, lösen ihn bey Anfange des künftigen Sudwerks wieder auf, und brauchen ihn so immerfort". Bierzeug, oder auch Unterzeug, das waren damals gängige Bezeichnungen für Hefe, und die konnte man auch schon züchten: nach einem Rezept Scharls in einer Mischung aus Malzextrakt und Kirschwasser.

Heute züchten sich viele Brauereien ihre eigenen Hefestämme und wie wichtig die für das Gelingen eines Suds sind, zeigte der Umzug einer Münchner Großbrauerei im Sommer 2015. Ohne viel Aufhebens wurde das ganze Brauzeug am neuen Standort entweder völlig neu eingerichtet oder mit Lastwägen dort hin geschafft. Nicht so die Hefe. Die beiden Hefestämme, der eine untergärig, der andere obergärig, wurden wie ein Fürstenpaar mit der Kutsche, also eigentlich war es ein Brauereigespann, vom alten zum neuen Sudhaus gefahren. Schön in Eis verpackt gegen die Sommerhitze und mit mehreren Stationen in

Bei der König Ludwig Brauerei auf Schloss Kaltenberg, die bis heute die Tradition des Wittelsbacher Reinheitsgebots sozusagen „in der Familie" fortsetzt, ist Helmut Guggeis, der technische Direktor, auch für die Hefestämme zuständig. Zwei davon hält man sich, einen untergärigen fürs Helle und einen obergärigen fürs Weißbier. Beide siedeln auf einem Nährboden aus Agar. Agar wird aus Meeresalgen gewonnen, hat ähnliche Eigenschaften wie unsere Gelatine und dient Hefezellen als Ruhebett, so lange, bis sie wieder in den Braukessel dürfen, um sich den Bauch mit Malz vollzuschlagen. Die beiden Hefestämme sind schon seit ewigen Zeiten in der Brauerei daheim, ursprünglich einmal hat man sie aus Weihenstephan nach Schloss Kaltenberg gebracht. Wie wichtig die Hefe nicht nur für das Gelingen des Biers, sondern auch für dessen Geschmack ist, sieht man daran, dass gerade die hellen Biere verblüffend ähnlich schmecken. Und das liegt daran, dass weltweit in den meisten Brauereien dieselben Hefesorten eingesetzt werden.

Wirtshäusern der Brauerei, an denen Freibier trinkende Fans den „Hefethierchen" des Dr. Hopff zuprosteten.

„ALLER ART LEIBSCHNEIDEN ...“ – WIE DAS REINHEITSGEBOT UMGANGEN WURDE

„Zu keinem Bier mehr Stücke als allein Gerste, Hopfen und Wasser ...“. Elf Worte. Knapper und klarer kann man ein Gesetz eigentlich nicht formulieren. Bayerns Brauwesen war von 1516 an vorbildlich, die Landeskinder erfreuten sich an unverfälschtem, bekömmlichem Bier, möchte man meinen. Aber weit gefehlt. Zum einen hielten sich längst nicht alle Brauer an die neue Vorschrift, wie wir noch sehen werden. Und zum anderen weichten Bayerns Herrscher nach und nach das eindeutige Reinheitsgebot wieder auf. Schon 1551 wurden Koriander und Lorbeer wieder offiziell als Bierzusatz erlaubt. 1616 erfolgte dann die nächste Ausnahme von Wilhelms strenger Regel. Herzog Maximilian I. kam den Brauern entgegen und ließ festschreiben: „Wenn jemand ein wenig Salz, Wacholder, oder ein wenig Kümmel in das Bier tue und damit kein Übermaß gebraucht, soll es nicht gestraft werden“. Aber da hatte Herzog Maximilian das Reinheitsgebot ohnehin schon in einem anderen, weit wichtigeren Punkt außer Kraft gesetzt. Wie wir noch sehen werden, schuf Maximilian ein äußerst einträgliches Weißbiermonopol und dieses Weißbier wurde nicht mit Gerste, sondern mit Weizen gebraut.

Da Fürsten das Reinheitsgebot derart großzügig interpretierten, mochten die Brauer nicht nachstehen: Der alte Wildwuchs, der vor dem Reinheitsgebot gang und gäbe war, er machte sich wieder breit. Im Rückblick auf die gut 300 Jahre seit dem Erlass des Reinheitsgebots wettert Dr. Hopff in seinem Standardwerk über das Bier: „Wie oft bekommt man nicht ein schlechtes, trübes Bier. Um nun ein klares, helles vorzusetzen, verstehen sich die Brauer auf ihren Keller-Hokuspokus, indem sie es klären, schönen, etc. wozu ihnen treffliche Dienste die Kälberfüsse oder die

Hausenblase leisten, und wenn alle Stricke reissen, und das Jammergebräu doch nicht klar wird, kommt die Schwefelsäure."

Hopff zur Seite tritt ein anderer Gelehrter, Johann Heinrich Zedler, der hundert Jahre früher in seinem Universallexikon schreibt: „Wenn das Bier sauer wird, so helfen ihm einige durch Zusatz von Laugensalzen und Austernschalen, andere thun einige Gläser Franzbranntwein unter das Bier oder setzen verschiedene Gewürze bey der Gährung bei. Dieses ist noch wohl als ein unschädliches Verbesserungsmittel nicht zu mißbilligen; allein das schädliche Verfahren einiger Brauer, betäubende Pflanzen zuzusetzen, zum Exempel den Samen des Stechapfels ist als ein unerlaubtes Mittel, dem Bier mehr Kraft zu geben, billig von jeder Poolizey zu ahnden."

Da ist er wieder, der schon aus den Sudkesseln früherer Zeiten unrühmlich bekannte Stechapfel. Der spielte auch in Hexenprozessen häufig eine Rolle: Eine Salbe aus dem Kraut sollte die Illusion erwecken, wie ein Vogel fliegen zu können. Auch als Aphrodisiakum galt der Stechapfel, Schamanen arbeiteten damit und er gilt heute als gefährliche Droge. Also nichts wie rein damit ins Bier. Und Dr. Hopff führt noch andere Drogen auf, die dem Sud beigesetzt wurden: „Hin und wieder hängen die Brauer den sogenannten Brausebeutel, der weisse Nieswurz und andere Narkotika enthält, ins kochende Bier, ohne zu wissen, welche schädliche Wirkungen herbeigeführt werden können."

Der gute Medicus gerät schließlich außer sich vor Wut über die Brauer, die derlei Praktiken anwenden: „Mit kaum glaublicher Frechheit und Gewissenlosigkeit ward dies Verfälschungssystem durch die scheusslichst erfinderische Schlauheit zu einem so hohen Grade der Ausbildung gebracht, dass kein Mittel für zu gemein gilt. Unmöglich kann ich mich dem Glauben hingeben, dass die Kunstgriffe der Bierbrauer in den Zuthaten und Beimischungen einzig und allein die Absicht hätten, uns dadurch ein langes Leben zu bewirken". Ganz im Gegenteil. Die Brauer, die allerlei Mittelchen ins Bier mischten, trachteten ihrer werten Kundschaft nach dem Leben: „Alle sind aber giftige Stoffe, ihre Wirkungen höchst schädliche ja lebensgefährlich, wenn auch nicht bald nach ihrem Genusse, doch langsam den Körper durchseuchend. Kraftlosigkeit, Störungen des Atmungsprozesses oder Kreislaufes, eigene Temperaturveränderungen des Körpers, bald brennende Hitze, Durst, Angst, Schwindel, Kopfschmerz, Brennen, Kriebeln, Ergotismus, bald erstarrende Kälte, Wechsel der Farbe, regelwidrige Stühle, Betäubung, Ohnmacht, Krämpfe, aller Art Leibschneiden, Zittern, Verdrehen der Augen, Zusammenschnüren des Halses, Aufschwellung des Gesichts, verwirrte Phantasie, Gedächtnisverlust, bisweilen heftiges Erbrechen, Ekel, Schluchzen, etc., tiefer Schlaf sind die gewöhnlichen Symptome der Vergiftung."

Wie schon gesagt: Diese Analyse und doch recht ernüchternde Beschreibung des Brauwesens stammt nicht etwa aus der Feder des Regensburger Arztes Hans von Bayreuth, der Mitte des 15. Jahrhunderts allerlei Bierzusätze als gesundheitsschädlich verworfen hatte. Dr. Hopff verfasste seine Klage 1846, 330 Jahre nach dem Erlass des Bayerischen Reinheitsgebots.

Von der Theorie zur traurigen Praxis: Noch im Jahr 1800 musste man im niederbayerischen Pfarrkirchen den Tod von 13 Bürgern betrauern. Ein paar Maß verdorbenes Bier hatten sie dahingerafft. Mit klammheimlicher Freude werden die Hinterbliebenen registriert haben, dass auch der Brauer selber unter den Opfern war.

Wer in unserer Zeit einmal ein paar Bier über den Durst getrunken hat, bei einem Besuch des Oktoberfestes, einer fränkischen Bergkirchweih oder eines zünftigen Schützenfestes, und am nächsten Morgen einige der gerade aufgeführten Symptome bei sich feststellt, etwa Schwindel, Kopfschmerz, Leibschneiden und verwirrte Phantasie, der kann dies leider nicht auf unerlaubte Zugaben zum Bier schieben. Die sind heute wirklich ausgeschlossen.

Bilsenkraut und Stechapfel – so schrecklich diese und andere Bierzusätze waren, nach und nach traten im immerwährenden Konflikt zwischen Bierbrauern und Biertrinkern neue Themen in den Vordergrund. Das Bier galt ja als flüssiges Nahrungsmittel, es sollte gehaltvoll sein und das war es leider nicht immer. Wetterte doch der berühmte Barockprediger Abraham a Santa Clara im ausgehenden 17. Jahrhundert von der Kanzel: „Bei manchem Bräuer aber findet man so kraftloses Bier, dass die Regentropfen, sofern sie ihren Weg nur über eine Schindel nehmen, eine bessere Kraft in sich haben."

Der Staatskanzler des Kurfürsten Maximilian II. Joseph, Wiguläus von Kreittmayr, stößt ins selbe Horn, fügt aber noch einen weiteren Kritikpunkt an. Kreittmayr betont zunächst die wichtige Rolle, die das Bier in Bayern spielt: „Wir leben in einem Land, wo das Bier gleichsam das fünfte Element ausmacht". Aber dann klagt er, Mitte des 18. Jahrhunderts: „Dem Publico liegt daran, dass gerecht und gutes Bier gemacht wird, folglich dem gemeinen Mann, welchem es zur Nahrung dienen soll, sein Pfennig vergolten werde. Man glaubt, das eben durch das schlechte und unkräftige Bier die alte Stärke der Deutschen so merklich abgenommen hat."

Wenn es nach Dr. Hopff geht, dann sollte man wirklich nur in Maßen und nicht in Massen trinken, denn einige Biersorten, „die starken oder schweren Biere", sind laut Hopff, auch wenn sie sauber gebraut sind, mit Vorsicht zu genießen, „da sie selbst denen, die sie gut verdauen, die Unterleibswerkzeuge erschlaffen, die Eingeweide verschleimen, oder eine übermässige Entwicklung der zelligen Fetthaut bewirken."

„Sein Pfennig vergolten werde", diesen Satz sollten wir uns merken. Er wird in einem der nächsten Kapitel eine wichtige Rolle spielen.

OANS ZWOA GSUFFA! – IN MÜNCHEN STEHT EIN HOFBRÄUHAUS

... und dass es da steht, hat auch etwas mit dem Reinheitsgebot zu tun. Denn bevor es mit seiner segensreichen Wirkung in Kraft trat, kam bei Hofe nur Wein auf den Tisch, vorwiegend aus den südlichen Welschlanden, vor allem aus Italien. Bier – nein Danke! Ein Gebräu, das immer wieder einmal mit Bilsenkraut und Toll-kirschen aufgemischt wurde, das schien den fürstlichen Keller-meistern denn doch zu abenteuerlich. 1475, also gerade einmal vierzig Jahre vor Erlass des Reinheitsgebots, heiratete der Bayern-herzog Georg der Reiche die polnische Königstochter Jadwiga. Bei der bis heute berühmten „Landshuter Hochzeit" wurde Speise-wein und Hefewein aufgetischt, ja sogar Met. Nur Bier findet man nicht auf der Getränkeliste des Haushofmeisters.

Es wäre ja auch etwas peinlich gewesen, wenn die adeligen Herren und ihre hochmögenden Gäste im Veitstanz um die fürst-liche Tafel gesprungen wären, beschwingt von den halluzino-genen Drogen, die man im Bier allzeit vermuten musste.

Aber natürlich gab es bei Hofe immer auch Leute, die dem Gerstensaft zusprachen. Schon Herzog Ludwig der Strenge, den wir als Gründer des Sühne-Klosters Fürstenfeld kennengelernt haben, befahl, kaum dass er seine Residenz von Landshut in das noch recht bäuerliche München verlegt hatte, am Pfisterbach „ain prewstatt" einzurichten. Und auch den Akten späterer Herzöge kann man entnehmen, dass für die Versorgung der Hofbedien-steten immer wieder einmal eine eigene Braustätte zuständig war.

Um große Mengen hat es sich dabei aber nie gehandelt. Das änderte sich nach dem Erlass des Reinheitsgebots, wenn auch nur langsam. 1572, zur Zeit von Herzog Albrecht V., hatten zur Hoftafel 700 Personen Zugang, und das fünf Mal am Tag, nämlich zu Morgenmahl, Suppentrunk, Abendtrunk, Nachtmahl und Schlaftrunk – ein Schlemmen wie auf einem modernen Kreuzfahrtschiff. Dennoch finden sich auf der Getränkeliste der Residenz etwa für den 16. November 1572 gerade einmal dreißig Maß Bier. Für die paar Liter brauchte man kein eigenes Brauhaus.

Aber das bayerische Reinheitsgebot zeigte Wirkung. Das Bier wurde immer beliebter, auch bei Hofe. In immer größerer Zahl rollten Fässer und Fuder aus den Braustätten der umliegenden Klöster, aus den Münchner Brauereien, aber auch von weither in die Vorratsspeicher der Residenz. Bevor Herzog Wilhelm V. den Bau eines Hofbräuhauses anordnete, kamen diejenigen seiner Tischgenossen, die gerne einmal eine Maß tranken, in den Genuss von Bier aus Böhmen, Lübeck, Hamburg oder Torgau.

Besonders beliebt war am bayerischen Herzogshof das „Ainpöckische". Es kam aus dem 550 Kilometer entfernten Einbeck. Nürnberger Handelshäuser organisierten den Transport der „Tünnlein", die mit Ochsengespannen über Berg und Tal gezogen wurden. Mehrere Wochen konnte das Bier in schwankenden Fudern unterwegs sein. Dass es in München dennoch in trinkbarem Zustand ankam, verdankte es einem kleinen Kunstgriff: Im Gefolge der Bierkutschen wurde ein zusätzliches Fass mitgeführt, aus dem jeden Abend die verdunstete Menge in den großen Fudern nachgefüllt wurde. Denn nur wenn die „Tünnlein" bis oben hin voll waren, sodass kein Sauerstoff ans Bier gelangen konnte, ließ sich eine Nachgärung vermeiden. Die hätte das Bier sauer gemacht. Man weiß heute nicht mehr genau, wie viele Liter in ein „Tünnlein" passten, aber es waren beträchtliche Mengen, die vom norddeutschen Einbeck aus nach München transportiert wurden. In manchen Jahren trafen 120 Fuder am Herzogshof ein. Trotzdem ließ sich der Bierimport finanziell verkraften. Maximal 500 Gulden, meistens sogar deutlich weniger, wurden von der Hofkammer des Herzogs jährlich an die Nürnberger Kaufleute überwiesen, die das Geschäft mit dem Ainpöckischen vermittelten. Das war lächerlich wenig, wenn man dagegenhält, was die ausufernde Hofhaltung der Münchner Herzöge insgesamt übers Jahr kostete. Zur Regierungszeit Wilhelms V. waren es im Schnitt 400.000 Gulden; ließ man es in einem Jahr einmal besonders krachen, dann konnten sich die Rechnungen auch auf 700.000 Gulden summieren.

Nun kam das Bier aber, wie wir gesehen haben, nicht nur aus Einbeck, sondern auch aus bayerischen Klöstern und von weltlichen Braumeistern in und um München. Aber auch deren Lieferungen fielen zunächst bescheiden aus: Der Orden der Münchner Barfüßer schickte 1588 Bier für 17 Gulden an den Hof, die Jesuiten verlangten 1574 im Jahr für ihr Gebräu 75 Gulden. Und die Privatbrauer, die den ehrenvollen Titel „meins gnädigen Herrn Pierbrew" tragen durften, wurden auch nicht reich durch das Geschäft mit dem Herzog. Der bedeutendste der Münchner Hofbrauer, Georg Mannhart, lieferte zwar jedes Jahr größere Mengen an „Speis Pier" fürs Gesinde und „Edelleut Pier" für die ranghöheren Mitglieder der Hoftafel, aber die höchste Rechnung, die man in den Archiven findet, ist auf 1.000 Gulden ausgestellt – für ein Jahr.

Doch Herren und Knechte gewöhnten sich schnell daran, immer tiefer in den Maßkrug zu schauen. Als Wilhelm V. 1589 mit großem Gefolge zur Hirschjagd nach Braunau aufbrach, da musste der zuständige Rentmeister nicht weniger als hundert Eimer Bier, also sechzig Hektoliter bereithalten. 6.000 Maß – so mancher Hirsch mochte seinerzeit sein Leben diesem großzügig bemessenen Biervorrat verdanken, aus dem sich Jäger und Treiber nach

Herzenslust bedienten. Und die Trunksucht griff nicht nur bei Jagdgesellschaften um sich. Herzog Wilhelm, der ja den Beinamen der Fromme trug, ermahnte seine Tischgenossen, „übermessig unzimblich trunkenheit und zudrincken uber den tisch" doch bitte sein zu lassen. Und seine Räte verdonnerte er dazu, herauszufinden, „durch was Mittel und Weg der großen Ausgab für Bier in etwa könnte abgeholfen werden".

Das war um das Jahr 1588: Bayern stand – wieder einmal – vor dem Staatsbankrott. Die herzogliche Verwaltung wusste nicht mehr ein noch aus: Beim besten Willen gebe es keine Möglichkeit mehr, die Einnahmen zu erhöhen, man müsse sparen, alles andere führe umgehend ins Verderben, versicherten sie dem Herzog. Alle möglichen Dienste, die man von außen beziehe, sollten in Eigenregie überführt werden, das sei billiger. So solle der Hof etwa einen eigenen Schmied anstellen, um Kosten zu senken, die Leibgarde könne man ganz auflösen, an der Hoftafel säßen viel zu viele Jäger und Jagdgehilfen und allein die Schneiderei verschlinge neuerdings Summen, wie man sie früher nicht für Küche und Keller zusammen ausgegeben habe. Und dann der Schlüsselsatz: „Glaiche Meinung hat es auch mit noch mer Stuckhen, fünemblich aber ainem aignen Preuhauß".

Dieser Satz könnte als Taufspruch über dem Portal des Münchner Hofbräuhauses stehen. Als Geburtsurkunde gilt freilich ein Brief, den die Hofräte am 27. September 1589 an Wilhelm V. schrieben: „Durchleuchtigster Hochgeborener Fürst Gnediger Herr. Nachdem Euer Fürstlichen Gnaden wir von diesem Underthenigst fürgeschlagen, das für die Hofhaltung gar nutzlich und thunlich wer, ein aigen Preuhauß zu erpauem und ein Preuwerch anzestellen …".

Detailliert wird in diesem Schreiben bereits festgelegt, wo das künftige Hofbräuhaus eingerichtet werden solle: in unmittelbarer Nähe der Münchner Residenz und zwar in einigen Gebäuden, die

Sandtnermodell vom „Alten Hof", der Kaiserresidenz im Herzen Münchens

dem Herzog schon gehörten, etwa dem Hennenhaus und einer Badstube im Alten Hof, dem früheren Herzogsitz der Wittelsbacher.

„Alsbaldt", so rieten die Beamten, solle hier für das geplante Brauhaus „der Keller gegraben, alle notdurfft getracht und zu der Baustatt gebracht, auch auf khonfftigen Frühling zeitlich fort zu pauen angefangen werden …". Schnell sollte es jetzt gehen. Und Wilhelm V. spielte mit. Schon wenige Tage später hielten die Räte seine Zustimmung in Händen: „Ihre fürstliche Gnaden lassen ir diß guetachten allerdings genedigst gefallen … Ersten Octobrio Anno etc. 89".

Jetzt konnte es losgehen. Und wie es losging. Als ginge es um eine Frage von Krieg und Frieden, um den Fortbestand von Herzogtum und Dynastie, schickten die Hofbeamten immer neue reitende Boten ins Land: Hopfen sollte gekauft, Bauholz – ganze Flöße von Fichten- und Buchenstämmen – bereitgestellt und Gerste aus den herzoglichen Kornspeichern nach München verfrachtet werden. Erhalten geblieben ist die Liste für das eigentliche Bräugeschirr, das man im Alten Hof installierte:

„Eine kupferne Bräupfanne zu 27 Eimer
Ein Maischbottich für 12 Schäffel Malz
Ein Maischgrand für 20 Eimer
2 Kühlen
6 Khül Wänndl
Sechzehn Gärbottiche
Sechs neue Bottiche
Ein Weichbottich"

Ausdrücklich heißt es zu dieser Bestellung, der Kellermeister solle damit „nit saumbselig sein".

„Nit saumbselig" scheinen auch die Maurer und Zimmerer gewesen zu sein, die für den Bau des Brauhauses verantwortlich waren. Schon vier Monate, nachdem die Räte Herzog Wilhelm den konkreten Plan für ein Hofbräuhaus übergeben hatten, im Februar 1590, stand der Rohbau. Ein Brauhaus hatte man nun, Hopfen und Malz lagen in den Vorratsräumen bereit, das Bräugeschirr war angeliefert, was nun noch fehlte, war ein Braumeister, der sich auf sein Geschäft verstand. Die Münchner holten ihn sich von weit her. Im Kloster Geisenfeld bei Regensburg, einem der wohlhabendsten Klöster Bayerns, hatte Heimeran Pongratz das Brauen von Grund auf erlernt. Jahrelang stand er als Pfannenknecht, der für die Arbeit an den Braupfannen zuständig war, im Dienst der Geisenfelder Benediktinerinnen. Schnell stieg er zum Braumeister auf und sorgte 15 Jahre lang dafür, dass den Klosterschwestern und ihren Besuchern das Bier nicht ausging. Und in dieser Zeit muss er sich einen so guten Ruf erworben haben, dass dieser bis an den herzoglichen Hof drang. Kurzum, im August 1590 traf bei der Äbtissin von Geisenfeld ein Schreiben ein, in dem sie aufgefordert wurde, ihren Braumeister umgehend nach München zu überstellen. Der Äbtissin muss das Bier ihres Braumeisters schon sehr gut gemundet haben, denn sie wagte es, sich der Anordnung der Hofkammer zu widersetzen, letztlich also ihrem Herzog die Stirn zu bieten. Was ihr freilich wenig nutzte. Im September kam ein neues Schreiben an die Klosterpforte, jetzt schon schärfer im Ton. Die Äbtissin möge den Braumeister Pongratz „alspaldt zur fürstliche Cammer ordnen". Weiterer Widerstand war zwecklos, Heimeran Pongratz wurde nach München geschickt, wirkte zunächst noch am Bau und an der Einrichtung des herzoglichen Brauhauses mit und wurde schließlich dessen erster Braumeister.

Am 19. September 1590 findet sich sein Name erstmals in den Rechnungslisten der Hofkammer, als „Preu zu Altnhof". Irgendwann im Frühjahr 1591 hat man dann die erste Maß Bier aus dem herzoglichen Brauhaus im „Alten Hof" in die Residenz hinübergetragen. Und Herzog Wilhelm V. konnte mit seinen Kammerherren auf den Erfolg seiner Sparmaßnahme anstoßen.

Die Kosten für das Bier, das an der Hoftafel konsumiert wurde, gingen tatsächlich drastisch zurück. Zu der Zeit, in der die Maurer den Rohbau des herzoglichen Brauhauses fertigstellten, die Rentmeister im ganzen Land die letzten Gerstenkörner zusammenkratzen ließen und das Bräugeschirr angeliefert wurde, im Jahr 1590 also, musste die herzogliche Kasse 7.854 Gulden für Bierlieferungen an den Hof zahlen. Ein Jahr später, Braumeister Pongratz rührte schon fleißig in seinem Sudkessel, waren es nur noch 3.321 Gulden und wiederum ein Jahr später wurden gerade noch hundert Gulden fällig – für ein paar Tünnlein Einbecker Bier, auf das man nicht verzichten wollte. Und die Kosten für den Braubetrieb im eigenen Sudhaus? Die lagen schon im Anlaufjahr bei gerade einmal 800 Gulden und 1593 kostete der ganze Betrieb im alten Hennenhaus gerade noch 245 Gulden. Ein Feuerwerk, das Wilhelm V. um diese Zeit herum abbrennen ließ, kam mit 252 Gulden teurer als die gesamte Jahresproduktion an Bier.

Ein voller Erfolg also, auf den Wilhelm V. mit Recht anstoßen konnte. Nur – der Erfolg kam zu spät. Bayern war Ende des 16. Jahrhunderts so verarmt, dass man immer drastischer sparen musste. Die Zeit der großen Hoftafeln, an denen es sich ein paar hundert Gäste mehrmals am Tag gut gehen ließen, war vorerst zu Ende. Eigentlich hätte man das Hofbräuhaus also gar nicht mehr gebraucht. Der bayerische Finanzminister, dem die gewinnträchtige Brauerei bis heute untersteht, ist dennoch froh darüber, dass Wilhelm der Fromme im Oktober 1589 an seine Räte schrieb: „Ihre fürstliche Gnaden lassen ir diß guetachten allerdings genedigst gefallen …“.

Wirtschaftlich erfolgreich war das Hofbräuhaus schon in seinen Anfängen. Da man jetzt, da die Hoftafel weggefallen war, viel zu viel Bier im Lagerkeller hatte, verkaufte man es an die Münchner Bürger, die mit Kannen und Krügen im Alten Hof Schlange standen. 1605 wurde schon ein Drittel der 150 Hektoliter Jahresausstoß frei verkauft. Der Nettogewinn des Hofbräuhauses wurde in den Rechnungsbüchern mit 199 Gulden und zehn Kreuzern notiert. Die Gebäude im Alten Hof wurden schnell zu klein und man zog 1608 an den Ort um, der später einmal als „Platzl“ weltberühmt werden sollte. Aber da war schon nicht mehr Wilhelm V. regierender Herzog, sondern sein Sohn Maximilian. Und der ließ es in den Sudpfannen so richtig schäumen. Mit Auswirkungen, von denen wir noch hören werden und die bis in unsere Tage nachwirken. Aber so viel vorweg: Damals beginnt ein Dreiklang zu schwingen, der weltweit einmalig ist – die Wittelsbacher, die Bayern und das Bier. Das eine ist von nun an ohne das andere nicht mehr recht vorstellbar. Und 250 Jahre später findet man in der Münchner Stadtchronik einen von vielen Beweisen für dieses Zusammenspiel. Über den 24. Oktober 1844 heißt es da: „Seit wohl das kgl. Hofbräuhaus besteht, ist in seinen Räumen kein größerer Jubel gehört worden als an diesem Tag. Es trat nämlich an demselben die durch seine Majestät den König für sämtliche königliche Brauhäuser bestimmte Verminderung des Bierpreises ein, was durch öffentlichen Anschlag in dem kgl. Hofbräuhause bekannt gemacht wurde. Schnell waren alle Krüge der zahlreich anwesenden Gäste mit Wachskerzen geschmückt, das Bild des Königs wurde herbeigeholt und mit Kränzen geziert, … Toaste auf Toaste folgten auf das Wohl des Königs. Es war ein Volksfest eigener Art, weder verabredet noch vorbereitet und hatte daher einen ebenso originellen als nationalen Anstrich."

Auch Elisabeth, Wittelsbacherin und österreichische Kaiserin, liebte das Hofbräuhaus. Ihre ungarische Hofdame berichtet von einem dieser Besuche: „Ich verlasse niemals München, ohne hier einzukehren", erklärte Sisi ihrer Begleiterin. „Treten wir also ein, und benehmen wir uns fein bürgerlich."

Das Münchner Hofbräuhaus in der Prinzregentenzeit

„Wer dieses kleine Lied erdacht
hat so manche lange Nacht
über dem Münchener Bier studiert
und hat es gründlich probiert."

So heißt es in der vierten Strophe des Hofbräuhausliedes.
Aber das ist ziemlich sicher erlogen. Denn die Hymne
des Münchner Hofbräuhauses wurde nicht in bierseliger
Stimmung an einem der groben Tische der Schwemme
komponiert, sondern, oh Graus, an einem zierlichen
Tischchen im Berliner „Cafe am Zoo". Ein waschechter
Berliner hat es ersonnen, ein gewisser Wilhelm Gabriel.
Und der hat die Noten auch noch auf einem Titelblatt der
„Berliner Illustrierten" niedergeschrieben, weil er gerade
kein anderes Papier zur Hand hatte. Geht's noch absurder?
Ja! Denn zum ersten Mal wurde das Lied 1936 in der pfälzischen Stadt Dürkheim, auf dem dortigen Wurstmarkt,
aufgeführt. Und der gilt mit 700.000 Besuchern als das
größte Weinfest der Welt. Das erste „Eins, zwei, g'suffa"
galt also nicht einer Maß Bier, sondern einem Schoppen
Wein. Trotzdem Prost!

„In München steht ein Hofbräuhaus: Eins, zwei, g'suffa ...
Da läuft so manches Fäßchen aus: Eins, zwei, g'suffa ...
Da hat so mancher brave Mann: Eins, zwei, g'suffa ...
Gezeigt was er so vertragen kann
Schon früh am Morgen fing er an
Und spät am Abend kam er heraus
So schön ist's im Hofbräuhaus."

Die Damen verlangten zwei Krügel, worauf, so die staunende Ungarin, „der Schenk mir zwei buntgemusterte, mit Deckeln versehene Steingefäße in die Hand gab, die je einen Liter faßten". „Fangen Sie nur an", ermutigte Elisabeth die Zögernde und amüsierte sich über deren ebenso verzweifeltes wie vergebliches Bemühen, das Krügel zu leeren. „Mein Lieblingsgetränk ist diese braune Flüssigkeit auch nicht, doch es gehört schon zu meinen Traditionen, in München dem bayrischen Biere die Ehre meines Besuches anzutun".

„GAR EIN UNNÜTZ GETRANCK ..."? – DAS WEISSBIERMONOPOL MAXIMILIANS I.

„Was dann das weiß Pier belangt ...", so klagt Herzog Albrecht V. im November 1567, so ist dies „ein unnütz getrank, das weder nert, weder sterck, kraft noch macht gibt, und dahin gericht ist, das es die zechleut oder diejenigen dies trincken, nur zu mehrerm trincken reizt".

Teufelszeug also, dieses Weißbier, das neuerdings aus den böhmischen Landen nach Niederbayern einsickerte, in das Hügelland links der Donau. Ja, es wurde ebendort auch schon von einigen bayerischen Brauern auf den Markt gebracht. Zwei wohlhabende Familien aus dem Donauland hatten von bayerischen Herzögen das Recht eingeräumt bekommen, auf bayerischem Gebiet Weißbier zu brauen: die Degenberger und die Schwarzenberger. Dazu kamen noch ein paar kleine kommunale Brauereien, die man auch gewähren ließ, obwohl ja, gemäß dem Reinheitsgebot, eigentlich nur Gerste zum Brauen verwendet werden durfte. Niemand konnte im 16. Jahrhundert ahnen, welch gewaltigen Aufschwung die Weißbiersiederei in Bayern nehmen würde, wie entscheidend das Weiße Brauwesen die Geschicke des Landes

Das Wappen
Maximilians I.

beeinflussen sollte. Und möglich wurde diese Bayern prägende
Entwicklung nur durch das Reinheitsgebot von 1516. Vom Landesherrn erlassen, konnte es auch nur vom Landesherrn gebrochen
oder aufgeweicht werden, wie dies Wilhelm IV. und Wilhelm V.
mit ihren Weißbier-Privilegien für die Degenberger und Schwarzenberger getan hatten. Aber erst ein Sohn Wilhelms V. erkannte
die Möglichkeiten, die im immer beliebter werdenden Weißbier
steckten – Maximilian, erst Herzog, später dann Kurfürst von Bayern und eine der bedeutendsten Herrscherfiguren aus dem Hause
Wittelsbach.

Wie muss er gelitten haben, der junge Maximilian. 25 Jahre
alt, bestens ausgebildet an der Universität Ingolstadt. Cicero und
der große Humanist Erasmus von Rotterdam sind seine Leit-
sterne. Festungsbau hat er studiert, aber auch Geographie und
als Schwerpunkt praktische Rechtswissenschaften. Und nun saß
er in München und musste seinem Vater, Wilhelm V., mit gebun-
denen Händen dabei zusehen, wie dieser das Land ruinierte.

Schulden häufte der auf Schulden. Seine Hofräte machten ihm händeringend klar, dass nichts mehr herauszupressen war aus dem Bayernland, das, so hat es einer der Räte einmal formuliert, nichts anderes zu exportieren habe als „Vieh, Holz und Schmalz". 1596 drohte endgültig der Staatsbankrott, die Hofkammer kämpfte um jeden Heller. Man könne doch die Musik bei Tische reduzieren, „statt 8 Trompeten dürften drei hinreichen". Wilhelm weiß, dass er das Ruder nicht mehr herumreißen kann. Wer wie er mit einem sagenhaften Pomp verheiratet wurde, seine Braut, eine Herzogstochter aus Lothringen von 6.000 Reitern nach München geleiten ließ, wer so auffahren konnte, dass die Hochzeit noch zwanzig Jahre später im „Volksbuch vom Dr. Faust" gerühmt wird, der mag im Alter nicht um zwei, drei Trompeter streiten. Herzog Wilhelm resigniert. Auf die immer neuen Vorhaltungen seiner Räte antwortete er schließlich: „Ich habe wohl verstanden, was in Ansehung eines guten neuen Regiments Euer Gutachten ist, und mir ist der Übelstand, in den alles geraten, nur gar zu sehr bewußt".

Und wer soll's richten? Der junge Maximilian. Der Vater ließ ihm von den Ständen des Fürstentums huldigen, „als nächstkünftigen, einzig regierenden, unserem rechten natürlichem Erbherren und Landesfürsten". Und 1595 erging an Räte und Regierung, Beamte, Offiziere und Diener Wilhelms Weisung, „diesem Unseren Sohn als ihren künftigen natürlichen regierenden Landesfürsten von nun an nicht weniger als Uns selbst in allem gehorsam und gewärtig zu sein; indem wir Unseren Sohn befehlen, die Regierung zu übernehmen und alles nach bestem Wissen und Gewissen anzuordnen".

Von einem „guten neuen Regiment" hatte der Vater gesprochen und Maximilian wusste, was dazu in allererster Linie nötig war. Nachdem er einen Streit um das Bistum Passau verloren hatte, schrieb er resigniert an seinen Vater Wilhelm: „Ich sehe halt, dass sowohl bei den Geistlichen wie bei den Weltlichen nur respektiert wird, der viel Land oder viel Geld hat; und weil wir keins davon haben, so werden wir nimmermehr Autorität haben, bis wir uns in Geldsachen besser aufschwingen ...".

Und genau das ging der junge Herzog Maximilian I. nun an: sich in Geldsachen besser aufzuschwingen. Über fünfzig Jahre lang herrschte er über Bayern – und das in politisch turbulenten Zeiten. Der Dreißigjährige Krieg überschattet die längste Zeit seiner Regierung. Und in all den Jahren war Maximilian ein unermüdlicher, ein besessener Arbeiter. Seiner Devise treu, die er in einer Art politischem Testament hinterließ: „Ich habe selbst zu meinen Sachen gesehen, die Rechnungen selbst gelesen und die gefundenen Mängel geahndet, Berichte eingeholt, auch an Mitteln zur Erhöhung der Einnahmen selbst nachgedacht; in dieser Angelegenheit ist das Sprichwort wahr, dass das Auge des Herrn das Pferd mästet".

Das mag ja so sein. Doch wenn es kein Futter gibt für das Pferd, dann bleibt dieses auch unter dem Auge eines treusorgenden Herrn ein dürrer Klepper. Also dachte Maximilian über „die Mittel zur Erhöhung der Einnahmen" nach. Und stieß auf eine Idee, mit der sich die Räte des Herzogtums immer wieder einmal beschäftigt hatten.

Schon 1579 hatte Herzog Wilhelm V. eine vierköpfige Kommission über die Donau geschickt, um zu prüfen, an welchen Orten im Bayerischen Wald wie viel „weiß Behamisch Pier" gebraut wird und vor allem woher der Weizen für dieses Bier stammt. Diese Frage hatte sogar schon Wilhelms Vater Albrecht beschäftigt. Der verdächtigte diverse Brauer im böhmischen Grenzland, nicht nur, wie im Reinheitsgebot vorgeschrieben, braunes Gerstenbier zu sieden: „Es kumpt uns auch vor, das in unserem Rentamt Straubing mit dem weißen Pierpreuen ein unseglich große Anzahl Weitzen verschwendet und damit ferner verursacht wirdet, das sich die gepaurschaft von dem ganzen behamer wald allein auf den Weitzen bald geben und den Korn bald ganz verlassen wird. Daraus dann folgt, wenn sie den Weitzen zu dem Piersieden verkauft, und von der Kaufsumme etwa ein guten theil ins Pier vertrunken haben, das sie alsdann, sampt weib und kindern an dem teglichen brot nit ein geringen mengel und abgang gedulden müssen".

Not und Elend würden erwachsen aus dem unseligen Weißbiersieden – immer wieder tauchte dieser Gedanke in den Folgejahren auf. Die Bauern würden statt Roggen für ihr täglich Brot bald nur noch Weizen für die Weißbierbrauer anbauen und das dafür eingenommene Geld vertrinken. All die Klagen über das Weißbierbrauen blieben aber folgenlos. Denn es gab das Weißbier ja nur in einigen wenigen, nicht sehr bedeutenden Regionen im unwegsamen Bayerischen Wald. Und zum anderen war es nun einmal so: Die Degenberger und die Schwarzenberger hatten herzogliche Privilegien, die ihnen das Weißbierbrauen ausdrücklich genehmigten, und daran wollte – Reinheitsgebot hin, Reinheitsgebot her – niemand ohne Not rütteln. Das änderte sich grundlegend, als Maximilian an die Macht kam und darüber nachsann, wie er denn sein Pferd am besten mästen könnte. Schon 1598, kaum ist er an der Regierung, schickte Maximilian, wie schon seit Vater, Kundschafter über die Donau, um herauszufinden, wer denn da drüben eigentlich mit wessen Genehmigung Weißbier braue und ob „gemainem Geschrei nach sonderbarer Gewinn damit verhandten".

Und als ihm seine Räte und Rentmeister berichteten, dass es Dutzende von Weißbierbrauereien gäbe, dass das „weiß Pier" immer beliebter werde und durchaus Gewinn abwerfe, da hatte der junge Fürst zwei Möglichkeiten. Er konnte das Weißbiersieden weiter anderen überlassen, gegen Gebühren und Aufschläge, so wie es bei einer Vielzahl von Waren üblich war. Hätte sich Maximilian für diesen Weg entschieden, er wäre wohl nicht als großer Staatsmann in die bayerische Geschichte eingegangen. Aber der Herzog entschied sich für einen anderen Weg. Er beschloss, sich das gesamte Weißbierbrauen in seinem Land unter den Nagel zu reißen. Und möglich machte ihm dies das Reinheitsgebot seines Vorfahren Wilhelm IV. Nur aus Gerste durfte Bier gebraut werden. Ausnahmen von dieser Regel konnte nur der Landesfürst zulassen. Hier sah Maximilian seine große Chance: Weiße Brauhäuser, die allesamt in seinem Besitz waren, und das nicht nur im Bayerischen Wald, wo ein paar Bäuerlein und Holzknechte das „Weizen" schätzten, sondern in ganz Bayern.

Solche Braustätten hatte der Herzog bald eine ganze Reihe. Nachdem er gleich zu Beginn seiner Regierungszeit erfahren hatte, dass man mit dem Weißbier durchaus Gewinn erzielen konnte, war er zielstrebig daran gegangen, ein Monopol aufzubauen. Und er nutzte dabei drei Wege. Zum einen begann er damit, bestehende Weißbierbraurechte und ganze Brauereien aufzukaufen. Wo man nicht die Brauerei allein erwerben konnte, war der Herzog auch gewillt, eine ganze Hofmark, also ein Landgut mit eigener Gerichtsbarkeit, zu übernehmen, nur um ans Braurecht zu kommen. So etwa im niederbayerischen Gossersdorf, wo er 1602 einem Georg Werner dessen Hofmark abkaufte, „maisstens darumben, dass wir der Orthen das beraith ohne Verwilligung, zum Thail angestelle Preuwesen des weißen Piers … ebenmeßig an uns gebracht". Auch die Hofmark Mattighofen erwarb der Herzog und dazu noch eine ganze Reihe weiterer kleinerer und größerer Braustätten. Hals bei Passau, Furth, Grafenau, Regen und Kötzting – ein Weißbierbräu nach dem anderen übergab mehr oder weniger freiwillig an seinen Landesherrn. Der größte Coup gelang Maximilian aber, als am 10. Juni 1602 der letzte männliche Degenberger starb und das Erbe an die Wittelsbacher fiel. Damit kam auch deren Weißbierimperium in Maximilians Hände. Der Degenberger war kaum unter der Erde, da befahlen die herzoglichen Räte dem zuständigen Rentmeister zu Straubing, dass vom 1. August an das Degenberger'sche „Piersieden in unserem Namen, auch auf unsern Costen und Verlag geschechen und khonfftig ains und anders und verrechnet" werde.

Nach und nach fielen so immer mehr Weißbierbrauereien an Maximilian. Nun galt es einen zweiten Schritt zu tun, um sein Monopol durchzusetzen: die Ausschaltung lästiger Konkurrenz. Und da ging der Herzog scharf vor, sogar gegen hohe geistliche Würdenträger. Als Beispiel mag der Abt von Gotteszell dienen, der in seinem Kloster Weißbier brauen ließ. Zunächst in gemäßigtem Ton ließ ihm Maximilian dies untersagen. Doch der Abt dachte nicht daran, das lukrative Geschäft aufzugeben. Und nun erhielt er ein zweites Schreiben von der Hofkammer, in dem der Herr Prälat zu Gotteszell zwar als „Würdiger zu Gott" und „lieber Getreuer" angesprochen wird, dann aber den allerhöchsten Befehl erhält, sich „hinfuerder des weißen Pierbrauens so wol unter dem Schein des Closters Hausnotturfft, als zu dem Verkhauf genzlich zu enthalten."

Zeitgleich ging an diesem Tag von der Hofkammer noch ein Brief in Sachen Gotteszell ab, diesmal an die Regierung in Straubing. Diese sollte überprüfen, ob der Abt jetzt endlich aufhöre mit dem Weißbiersieden. Und wenn dies nicht geschehe, dann sollte der Richter zu Viechtach verfügen, dass „ime der Khessl ausgerissen, das Pier genommen, und ein Preumaister der Notturfft nach gestrafft" werde.

Die bestehenden Weißbierbrauereien – durch Aufkäufe oder Erbfall – nach und nach in seiner Hand, die Konkurrenz mit der Androhung drastischer Strafen, wie dem Herausreißen der Braukessel und der Abstrafung ihrer Braumeister zurückgedrängt – damit hatte Maximilian eine aussichtsreiche Basis für sein Monopol. Das galt es jetzt zügig auszubauen – durch den Bau neuer, eigener Braustätten. In Kelheim erwarb man in mühevollen Verhandlungen ein Grundstück vor der Stadtmauer. Und nun wurde alles aufgeboten, um den Bau so zügig wie möglich voranzutreiben. Der Hofkammerpräsident und der Straubinger Rentmeister kamen höchstpersönlich nach Straubing, um dafür zu sorgen, dass genügend Bauholz und Steine angeliefert wurden. Aus Zwiesel holte man einen Braumeister und auch der Hefestamm für den ersten Sud kam aus einer ehemals Degenberger'schen Brauerei. Schon ein Jahr nach dem Kauf des Grundstücks wurde im Weißen Bräuhaus zu Kelheim der erste Sud angesetzt. Auch in München

Oben: Das Brauhaus Degenberg, eine der Keimzellen von Maximilians Weißbiermonopol

Links: Das Weiße Bräuhaus in Kelheim

109

und Traunstein entstanden Weiße Brauhäuser unter herzoglicher Kontrolle. Aber das Meisterstück dieser Monopolpolitik lieferte der Herzog in Kelheim. Die dortige Brauerei sollte nämlich nicht nur den Markt der Region beliefern, sondern war auch auf das nahe Regensburg gerichtet, das als Reichsstadt nicht zum Herzogtum Maximilians gehörte.

Dabei verstieß Maximilian gegen Grundsätze, die er zur Durchsetzung seines Monopols einmal aufgestellt hatte. Er setzte nämlich alles daran, den Import von fremden, also außerhalb seines Herrschaftsgebiets gebrauten Weißbiers zu verhindern. Als einige Brauereien aus Cham, das nicht zu Maximilians Herzogtum gehörte, gegen seinen Willen weiter Bier nach Bayern bringen ließen, verkündete die bayerische Regierung: Jeder Bürger, der auf bayerischem Gebiet Chamer Bier ausfindig mache, dürfe dies behalten. Das wirkte! Erfreut teilten die Räte ihrem Herrn mit: Die Methode würde „ungezweifelt inkhünfftig selbs abstellen". Und weil es in Cham so gut funktioniert hatte, befahl Maximilian dasselbe Vorgehen gegen Regensburg. Ja, sogar noch in verschärfter Form: Er verbot seinen Bürgern auch, über die Steinerne Brücke zu laufen und drüben, im „Ausland", fremdes Bier zu trinken. Wie es in einer späteren Anweisung des Herzogs hieß: Wir untersagen nicht nur „die Hereinschwärzung (Schmuggel) fremd ausländischen Bieres", sondern auch das „Hinauslauffen und Zechen der Landesunterthanen".

Und was machte der Herzog, kaum dass in Kelheim das erste Bier in die Fässer floss? Er ließ es mit Kähnen nach Stadtamhof bringen, das unmittelbar vor den Toren Regensburgs auf bayerischem Gebiet lag. Und er lud die Regensburger Bürger herzlich auf ein „Herzogliches Weißbier" ein – zu Dumpingpreisen. Der zuständige Rentmeister wurde ausdrücklich darüber informiert, man wolle bei den Regensburgern „zu Erlangung unseres Interesses den Gewinn sogar nit ansehen".

Die alteingesessenen Weißen Brauhäuser in seiner Hand, weltliche und geistliche Konkurrenz ausgeschaltet, neue Brauhäuser überall im Land im Bau – das Monopol des Herzogs begann zu greifen, es musste nur noch an einigen Stellschrauben gedreht werden.

Vor allem musste sich Maximilian der immer lauter werdenden Kritik am Weißbier stellen. Die Landstände, also der Adel, die Städte und die hohe Geistlichkeit, starteten eine regelrechte Rufmordkampagne gegen das Weißbier, dass ja den Braunen Brauhäusern in ihren Gemarkungen zunehmend Konkurrenz machte. Noch auf dem Landtag des Jahres 1612 gab es hitzige Debatten und massive Beschwerden über das Weißbier.

Die Stände gaben Herzog Maximilian unter anderem die Schuld an der Verteuerung des Weizens, weil er ihn massenhaft aufkaufte, um damit Weißbier zu brauen. Maximilian ließ einen eigens ernannten Gutachter, Bernhard Mosmiller, auf die Vorwürfe antworten. Die Landstände klagten, „daß der gemaine Handtwerckhs Mann dem weißen Pier gaar fasst nachstellen, das Seinig darin verschwenden, die Hantirung ligen lassen und dardurch Weib und Kinder an den Pettelstab richten thuct."

Und Mosmiller antwortete: Wenn das wirklich so sei, dann „müesste an den jhenigen Orthen, ja ganzen Fürstenthumb- und Königreichen, wo fasst nur weiß Pier gebrewet wird, gar kheine Handwerchsleuth zuefinden sein."

Irgendwann hatte Maximilian genug und er beendete die Debatte mit einer finalen Feststellung: „Daß aber das weiß Pier weder so gesundt als das prawn, noch also settige oder den Dursst lesche, ist solches mit Befrembden zuvernemmen, weiln es bei dem Degenberg und Schwarzenberg nie clagt worden, hingegen die teglicher Erfarung bezeugt, das khein Tranckh mer khielt, noch den Durrst belder lesche, als eben das weiß Pier".

Und, um noch eins draufzusetzen, wies der Herzog die Stände dann noch darauf hin, dass die Behauptung des Landtags, dass das

Weißbier den Durst nicht lösche, nicht ganz stimmen könne. Es gäbe doch einige Länder, in denen man „schyer am maisten weiß Pier thrinkht, und dannoch dieselben leith, nit dursts sterben."

Ärger hatte Maximilian auch mit Brauern und Wirten, die das Weißbier als lästige Konkurrenz für das angestammte braune Gerstenbier sahen. Bei den Wirten war das einfach: Sie brauchten für den Betrieb ihrer Bierzäpflereien ja eine Konzession, und die gab es jetzt eben nur noch, wenn sie auch das herzogliche weiße Bier ausschenkten. Den Brauern bot man das Weißbier als Zusatzgeschäft zum eigenen Sud an. Das wurde gerne angenommen, aber die Biersieder tricksten gerne. Sie hängten vor ihre Wirtschaften und Brauhäuser einen grünen Buschen, das Zeichen dafür, dass es hier frisches Weißbier gab, schenkten dann aber ihr eigenes Gerstenbier aus. Doch das waren für Maximilian nur noch letzte Scharmützel bei der Durchsetzung seines Monopols. Mit einem Federstrich wurden sie beendet. So verbot der Herzog 1613 den Münchner Brauern den Verkauf seines Weißbiers, weil sie die „Poschez", die Buschen, die sie vor die Tür hängten, nur nutzten, um in betrügerischer Absicht den Herzog zu schädigen und Kunden fürs eigene Bier anzulocken: „Wir seindt erindert und gibts zwar den Augenschein selbst, dass die Pierpreuen alhie die gewohndlichen Poschez ungeacht der mehrer Teil khein weiß Pier einlegen, haben oder ausschenken, vor iren Heusern hanngen lassen, nur zu dem Ende dardurch den Leuthen Zuegang und Gebrauchung eines anderen Trunckhs und Verhintterung unssers weißen Püerverschleiß gegeben, darob wir ein ungnedigistes Mißfahlen tragen."

In nur wenigen Jahren hatte der junge Herzog Maximilian I. sein Weißbiermonopol durchgesetzt. 1598 waren die ersten Spä-

Herzog Albrecht IV. verbietet das Weißbierbrauen in ganz Bayern mit Ausnahme des Bayerischen Walds.

Von Gottes genaden. Wir Albrecht Pfaltzgraue bey Rhein Hertzog in Obern vnd Nidern Bayrn rc.

Mbieten euch allen vnnd jeden vnsern Landhoffmeistern/ Vitzdomben/ Hauptleuten/Pflegern/Rentmeistern/Richtern/Castnern/Mautnern/Zollnern/vnnd Amptleuten/ auch den vnsern von der Landschafft aller Stende/Vnsern günstlichen gruß vnd gnad zuvor. Sich waist Ewer jeder wol zuerinnern/ was wir das vergangen sechs vnd sechtzigst Jar im Monat Maio/von der damaln vnfürsehenlich entstandnen /geschwinden/vnnd hochbeschwerlichen thewrung wegen/des seligen lieben getraids/für ein gemeinen durchgehenden beuelch vnd Mandat haben außgehen/vnnd publicieren lassen/vnd wiewol wir vns mit vnbillich versehen/solchem vnserm hochnotwendigen/vnd gemeinen nutz wol erspriglichen beuelch/solte von menigklich/sonderlich mit abstellung des hochschedlichen fürkauffs/biß daher inn gehorsam gelebt worden sein/damit das liebe traid/wider inn einen gleichen leidenlichen kauff vnd gele mennigklich zu gutem/mögen gebracht vnd beharlich darinnen erhalten werden / Wie wir dann inn keinen zweiffel stellen/ solches leichtlich werzuthun gewesen. Dieweil der wirdig gütig Gott die selbigen frücht dieses jetzlauffenden Jars auß seinem mildreichen segen also gnedigklich vnd reichlich mitgetheilt/vnd eins tails zimlich wol ergeben vnd erspriessen lassen hat.

[...]

Vnd sol an offnen vnd freien Märckten vnd traid schrannen/ so wol auß/als innlendern traid / schmalz / vnd anders zukauffen vnuerwert sein/ doch mag ein jede obrigkeit auff das fall/das bey den vnsern so grossen mengel an traid/vich/ oder schmalz were/ je im Märcktag die fürsehung thun/das den außlendern zukauffen die nit gestatt werde/biß zu vor die innlender/doch allein zu jrer haußnotturfft ein genügsam kaufft haben.

[...]

An den allen letzlich vnser gefelliger ernstlicher willmainung vnnd beuelch / Mit vrkundt dises gegenschreibens vnd offen truck/der in halb von der menig belgolcks/bey allen vnsern Stetten/Märckten/Gerichten/ Hoffmarchen/vnd Dörffern offentlich verlesen/als dann an den gewondlichen orten... vnd von menigklich in aller gehorsam fleissig vollzogen vnd gehalten werden solle/rc. Den wir zu mehrerm glauben mit vnserm hierfürgedruckten Secrete ver... angehen lassen. In vnser Stat München den 22. Novembris/Anno 67.

> „Weizenbier nicht allein zum Trank, sondern auch in der
> Speis gebraucht, Suppen, Müslein und Breilein daraus
> gemacht und genossen, mehret den Samen und hilft den
> schwachen Männern, die zu ehelichen Werken unge-
> schickt sind, wieder in den Sattel."
>
> Jacob Theodor Tabernaemontanus: „Neuw Kreuterbuch" (1587)
>
> Hätte Maximilian dieses Argument gekannt, er hätte
> die Kritiker seiner Weißbierpläne wohl schneller zum
> Verstummen gebracht.

her hinüber ins Weißbierland der Degenberger geschickt worden
und schon 1612, in dem Jahr, in dem der bayerische Landtag so
erbittert über das Weißbier debattierte, produzierte allein das
Brauhaus in Kelheim 6.569 Hektoliter – 656.900 Maß. Und Kelheim war ja nur eines von vielen gewinnträchtigen Brauhäusern
des Herzogs. Die Bühne war bereitet, auf der nun das Schicksal
Bayerns abgehandelt werden sollte – mit Konsequenzen bis in
unsere Tage. Aber um dieses Thema geht es im Schlusskapitel, in
dem ja nachgewiesen werden soll, dass es ohne Bier kein Bayern
gegeben hätte. Dass es ohne Bayern kein Bier geben würde, jedenfalls nicht so, wie wir es heute kennen und schätzen, das wissen
wir ja nun.

„IN MINUTO …" – WIE DAS REINHEITS-
GEBOT DIE BIERGÄRTEN SCHUF

Maurermeister müssen im München des 18. Jahrhunderts gut verdient haben. In einem weit gezogenen Rund um den Stadtkern waren sie emsig dabei, ganz spezielle Bauwerke zu errichten. Sie wühlten sich tief in das Hochufer der Isar, das eiszeitliche Gletscher zurückgelassen hatten, und errichteten dort gewaltige Gewölbe – eins neben dem anderen: auf dem westlichen Ufer, etwa da, wo heute noch die Bavaria leicht erhöht über die Theresienwiese wacht, und im Osten, am Gasteig, wo das Hochufer näher am Fluss lag.

Die Gewölbe sollten ein Problem lösen, vor dem die Brauer der Stadt schon seit Langem standen. Immer mehr Menschen, immer größere Mengen Bier und keine Möglichkeit, dieses vernünftig zu kühlen. Noch immer galt ja die Vorschrift aus dem Reinheitsgebot, dass Braunbier nur zwischen Michaeli, dem 29. September, und Georgi, dem 23. April, gebraut werden durfte. Man musste also im März damit beginnen, in den Sudkesseln große Mengen eines speziellen Sommerbiers anzusetzen, das einen höheren Alkoholgehalt und einen größeren Hopfenanteil als das Winterbier hatte – beides sollte die Haltbarkeit steigern. Was aber nicht garantierte, dass das Märzenbier in den kleinen Lagerkellern der innerstädtischen Brauhäuser auch wirklich bis Ende September frisch blieb. In der Münchner Kiesebene stand das Grundwasser hoch, die Keller mussten flach bleiben und das Bier darin wurde leicht warm und sauer. Und darum beauftragten die Brauer die Maurermeister der Stadt, Gewölbekeller ins Hochufer der Isar zu graben. Einige der Maurer kamen durch die rege Bautätigkeit zu solchem Wohlstand, dass sie eigene Kühlkeller anlegen und an die Brauer verpachten konnten.

Besonders emsig wühlten sich die Brauer und ihre Baumeister am östlichen Isarufer in die Erde, etwa da, wo heute Münchens

Kulturpalast, der Gasteig, steht. Der Boden war hier das ganze Jahr über vom Grundwasser durchfeuchtet und entsprechend kühl – ideale Voraussetzungen für einen Bierkeller.

Um die Mitte des 19. Jahrhunderts waren über fünfzig sogenannte Sommerkeller entstanden, die sich dicht an dicht das Hochufer der Isar entlangzogen. Und jeder dieser Lagerräume war ein gewaltiges Bauwerk. Etwa zehn Meter unter der Erdoberfläche wurden große Gewölbe aufgemauert, deren Fundamente praktisch im Grundwasser standen. Der Boden über diesen Gewölben wurde mit hellem Kies bedeckt, der das Sonnenlicht reflektierte. Und um die wärmenden Sonnenstrahlen so gut wie möglich von den Bierkellern fernzuhalten, pflanzte man obenauf eine Baumart, die man bis dahin in München nur selten zu sehen bekommen hatte – die Rosskastanie. Breite, dicht belaubte Kronen und flach verlaufende Wurzeln, die sich somit auch nicht in die Gewölbedecken bohrten – damit war die Kastanie der ideale Schutzbaum für die Keller.

Jetzt konnte der Sommer kommen. Das Bier würde im feuchten Gewölbe, von Eis ummantelt und von Kies und Kastanien abgeschirmt, bis zum Michaelitag frisch bleiben. Und danach durfte ja wieder ein neuer Sud angesetzt werden.

Die schattigen Plätze unter den blühenden Kastanien blieben den Münchnern, die sich in den engen, düsteren Gassen der Altstadt drängten, nicht lange verborgen. Schon im 18. Jahrhundert zogen an warmen Sonntagen wahre Pilgerzüge hinauf zu den Bierkellern. Man machte es sich auf rohen Bänken unter den Bäumen gemütlich und ließ sich von den Brauburschen eine frische Maß servieren. Den Brauern kam die neue Kundschaft gerade recht. Warum das Bier erst auf rumpeligen Pferdefuhrwerken hinunter in die Stadt fahren und dann den Profit auch noch mit den Wirten teilen? Da war es doch viel einträglicher, das Bier aus dem kühlen Keller selber auf den Tisch zu bringen. Und wenn

DIE KELLERSTADT
DER MÜNCHENER BRAUEREIEN
IM JAHRE 1850

N

0   50   100 m

HAIDHAUSEN

Militair-
Holzgarten

Auf der Lüften

Bierkeller im Jahre 1803
Am Gasteigberg Haus №
18 Oberspatenbräuers Keller
19 Franziskanerbräuers "
20 Bauernhanslbräuers "
21 Gilgenrainersbräuers "
22 Thorbräuers
23 Heißbauernbräuers "
24 Büchelbräuers "
27½ Krautzhräuers "
28 Maderbräuers "
29 Pollingerbräuers "
30 Löwenbräuers "
31 Sterneckerbräuers "
32 Birnbaumbräuers "
33 Schützbräuers "
34 Gilgenbräuers "
38 Unterpollingerbräuers "
39 Spatbräuers "
40 Hof-
41 Karmeliten- "
42 Löwenhauserbräuers "
43 Klosteranger- "
44 Kapplerbräuers "
45 Schleibingerbräuers "
46 Bacherbräuers "
47 Wagnerbräuers "
48 Kalfeneckerbräuers "
49 Singlspielerbräuers "
50 Menterbräuers "
51 Hof- "

2 Sollerbräuers Keller
3 Thürnbräuers "
4 Hallmairbräuers "
6 Zengerbräuers "
8 Hegerbräuers "
9 Speckmairbräuers "
10 Filserbräuers "
12 Metzgerbräuers "
13 Propstbräuers "
14 Hallerbräuers "
15 Lodererbräuers "
16 Fuchsbräuers "
17 Leistenbräuers "

1803 Lorenz Hübner,
Beschreibung von
München.
1850 Gust. Wenng,
Topogr. Atlas von
München.
Planbearbeitung: Max Megele
Nov. 1946

Lageplan der Münchner Bierkeller – eine eigene Stadt war entstanden.

man den Zechern aus christlicher Nächstenliebe und zu fairen Preisen auch noch eine Brotzeit hinstellte, damit die das Bier nicht auf nüchternen Magen hinunterstürzen mussten, wer sollte da etwas dagegen haben.

117

Ja, wer? Natürlich die Münchner Wirte, die drunten in ihren halbleeren Gasthäusern saßen und neidisch hinaufschauten zum Isarhang, wo sich die Bürger bunt gemischt unter den Kastanien vergnügten. Und mit Münchens Wirten war nicht zu spaßen. Schon im frühen 17. Jahrhundert, zu Zeiten absolutistischer Fürsten, hatten sie gegen ihren Herzog aufbegehrt, weil der sein Hofbräubier nicht nur an seine Bediensteten abgab, sondern an jeden, der mit einem Krug und ein paar Kreuzern in der Hand im Alten Hof auftauchte. Damals hatten die Wirte den harten Händel gewonnen. Und auch jetzt dachten sie nicht daran, das Treiben der Brauer einfach so hinzunehmen. Schon 1773 erwirkten sie beim Magistrat ein Verbot des Ausschanks „in minuto". Das hatte nichts mit der Schnelligkeit der Schankkellner zu tun – „in minuto" meinte den Bierverkauf an den Endkunden, in der Maß also. Nur noch „in grosso", im Fass, durfte das Bier abgegeben werden, und nur noch an die Wirte. Aber niemand schien sich recht

Ein Bierkutscher lädt vor dem Sterneckerkeller Bierfässer auf.

Rechte Seite: Das Original der Biergartenverordnung vom 4. Januar 1812

118

M. J. f. 20339

35 Ad Nr. 6973 P.

München, den 4 Junÿ 1812.

Das General Commissariat des
Harkreis.

zu

München

M. J. L.

um dieses Verbot gekümmert zu haben. Das bierselige Treiben auf der Isarhöhe ging munter weiter, obwohl der Stadtrat mit immer neuen Anordnungen dagegen anging. Man darf vermuten, dass auch die Ratsherren und die Gendarmen an einem lauen Sommerabend gern einmal hinaufstiegen zu den Bierkellern und ihnen daher nicht allzu viel daran lag, den „in minuto"-Verkauf,

Eine Eisbarriere schützte das Bier in den Lagerkellern vor der Sommerhitze.

den viele Münchner längst als Gewohnheitsrecht ansahen, zu unterbinden.

Aber ewig konnte das natürlich nicht so weitergehen: ein ganzes Stadtviertel knapp außerhalb des Burgfriedens in völliger Illegalität! Ein Ende setzte dem Ganzen ein „allerhöchstes Reskript" aus der Regierungszeit des ersten bayerischen Königs, Maximilian I. Joseph:

„Märzenkeller
Das Gästesetzen und den Minuto-Verschleiß der Brauer auf denselben.
Den hiesigen Bierbrauern gestattet seyn solle, auf ihren eigenen Märzenkellern in den Monaten Juni, Juli, August und September selbst gebrautes Märzenbier in Minuto zu verschleißen, und ihre Gäste dortselbst mit Bier u. Brod zu bedienen. Das Abreichen von Speisen und anderen Getränken bleibt ihnen aber ausdrücklich verboten.
Verord. v. 4. Jänner 1812"

121

Max Lieber-
mann malte
1884 dieses Idyll
eines Münchner
Biergartens.

Von diesem Jahr an wurden die Biergärten hochoffiziell und
mit königlichem Segen ein immer wichtigerer Bestandteil des
Münchner Lebens. So konnte fast 200 Jahre später der bayerische Oberlandesanwalt Martin Bauer festhalten: „Biergärten
sind wichtige Vollzugsanstalten der bayerischen Trink- und So-
zialkultur".

Wobei der Begriff „Trinkkultur" böse Ahnungen zulässt. Wir sprechen ja nicht von der Brunnenkur eines Heilbades. Ein Biergarten, in dem sich 5.000 Menschen fröhlich zuprosten, muss für die Anlieger nicht unbedingt ein Ohrenschmaus sein. Und so trug es sich denn im Jahr 1995 zu, dass die Nachbarn eines Münchner Biergartens so vehement gegen den Lärm der Gäste angingen, dass der Bayerische Verwaltungsgerichtshof ein Vorziehen der Sperrstunde auf 21.30 Uhr verfügte. Im Sommer hätten die Biergartler ihr letztes Noagerl bei hellem Sonnenschein hinunterstürzen müssen. Ein Unding befanden 25.000 Münchner Bürger und starteten mit einem gewaltigen Protestzug eine „Biergartenrevolution", und zwar eine äußerst erfolgreiche. Schon eine Woche nach den Protesten erließ die bayerische Staatsregierung eine „Biergartenverordnung", die längere Schankzeiten festschrieb.

Max Haushofer jr., ein bekannter Münchner Nationalökonom, sein Vater war ein Patenkind von König Maximilian I. Joseph, war ganz offensichtlich kein Fan der Biergärten am Isarhochufer. Im ausgehenden 19. Jahrhundert schrieb er: „Man saß dort – dazumal – noch überall auf grauen, verwitterten lehnenlosen Holzbänken vor Tischen, die ebenso urwüchsig waren. Dabei war weder die Höhe der Bänke, noch jene der Tische dem menschlichen Körper angemessen; auf den Tischen lagen auch zwischen kleinen Bierlachen malerisch gruppierte Rettichschwänze, Wursthäute und Käserinden – eine anmutige Verlassenschaft der Vorgänger. Eigenhändige Versorgung mit Bier und Esswaren war die Regel, für künstlerischen Genuß sorgte eine bauernmäßige Musik."

Prost! Es lebe die Bayerische Biergartenverordnung.

Vier Jahre lang wurde dann noch vor allen Instanzen gestritten, bis im April 1999 die wichtige Rolle der Biergärten für das bayerische Gemüt festgeschrieben wurde – und damit auch Öffnungszeiten bis weit nach Sonnenuntergang. In dieser endgültigen Fassung der Bayerischen Biergartenverordnung heißt es: „Biergärten erfreuen sich in Bayern als traditionelle Einrichtungen allgemein großer Wertschätzung und sind in Folge ihrer über lange Zeit gewachsenen Tradition ein Stück angestammten bayerischen Kulturgutes geworden. Biergärten erfüllen wichtige soziale und kommunikative Funktionen, weil sie seit jeher beliebter Treffpunkt breiter Schichten der Bevölkerung sind und ein ungezwungenes, soziale Unterschiede überwindendes Miteinander ermöglichen. Die Geselligkeit und das Zusammensein im Freien wirken Vereinsamungserscheinungen im Alltag entgegen.

Sie sind vor allem für die Verdichtungsräume ein ideales und unersetzliches Nahziel zur Freizeitgestaltung im Grünen. Sie sind regelmäßig gut zu erreichen und bieten gerade Besuchern mit niedrigem Einkommen und Familien, insbesondere durch die Möglichkeit zum Verzehr mitgebrachter Speisen, eine erschwingliche Gelegenheit zum Einkehren. Gerade in Gebieten mit großer Bebauungsdichte ersetzen sie vielen Bürgern den Garten. Biergärten werden vom Großteil der Bevölkerung angenommen und sind weit über Bayerns Grenzen hinaus als Ausdruck bayerischer Lebensart angesehen".

Dem ist nichts hinzuzufügen, auch wenn listige Wirte ihre „Biergärten" in „Wirtsgärten" umbenennen, um ihren Gästen nicht das Mitbringen eigener Speisen erlauben zu müssen. Und wem ist er zu verdanken, dieser „Ausdruck bayerischer Lebensart"? Dem Reinheitsgebot von 1516. Hätte dieses das Brauen nicht auf die Zeit von September bis April beschränkt, wären die Brauer nicht gezwungen gewesen, Bierkeller mit Kastanien zu bepflanzen, und dann, ja dann säßen wir heute vielleicht an schönen Sommertagen hinter Butzenscheiben in einer Wirtsstube statt unter freiem Himmel.

„UNSER MITTELPUNKT DER WELT ..." – DAS MÜNCHNER OKTOBERFEST

Gerne würde man einen direkten Bogen vom Reinheitsgebot zum Münchner Oktoberfest spannen. Aber da müsste man schon um viele Ecken denken. Belassen wir es vielleicht bei einem Satz: Ohne das Reinheitsgebot wäre das Bier in Bayern nicht zum beliebten und – maßvoll getrunken – gesunden Volksgetränk geworden, zum flüssigen Brot und fünften Element. Nur darum hat sich das Oktoberfest von einem bescheidenen Pferderennen zu einer weltberühmten Weihestätte des Biers entwickelt, der Wiesn. Und so hat also Wilhelm IV. doch ein wenig damit zu tun, dass die Münchner Bürger im Oktober 1810 eine folgenschwere Einladung erhielten: „Auf erhaltene allerhöchste Bewilligung Seiner Königlichen Majestät wird nun am 17. dieses Monats, zur öffentlichen Freude-Äußerung und zum Andenken an die Vermählung Seiner Königlichen Hoheit des Kronprinzen Ludwig mit Ihrer Herzoglichen Durchlaucht der Prinzessin Therese von Sachsen-Hilburghausen, auch ein Pferderennen Statt haben, welches die, bey der Cavallerie-Division der National-Garde dritter Klasse eingereihten Individuen veranstalten".

Was für ein Spektakel. Die „Allerhöchste königliche Familie" in einem Pavillon, den der ruhmreiche bayerische Kurfürst Max Emanuel Ende des 17. Jahrhunderts von den Türken erobert hatte – übrigens auch mithilfe des Biers. Nicht nur hatten seine 11.000 Soldaten auf dem Weg die Donau hinunter in das vom osmanischen Heer bedrohte Wien neben dem üblichen Proviant auch mehrere Fässchen bayerisches Bier dabei, nein, der ganze Feldzug Max Emanuels war mit einem Aufschlag auf den Bierpreis finanziert worden, den das Volk zu Recht als Türkensteuer schmähte.

Nun also saßen neben den „allerhöchsten Majestäten" auch die hohe Geistlichkeit, der Adel, die Generäle und eine Abordnung der Bürgerschaft im Schutz des Türkenzeltes und verfolgten, wie bei dem Pferderennen ein schneidiger Unteroffizier der Kavallerie den Sieg davontrug. Dritter aber wurde der Lohnkutscher Franz Xaver Krenkl, der nicht wegen dieses dritten Platzes in die Annalen Bayerns einging, sondern weil er sich Jahre später einen valentinesken Wortwechsel mit König Ludwig I. lieferte. Als er im Englischen Garten die Kutsche des Königs überholte, wurde er von diesem zurechtgewiesen: „Er weiß wohl nicht, dass das Vorfahren verboten ist!" Krenkls knappe Antwort lautete: „Wer ko', der ko'!"

126

40.000 Besucher sollen schon zu diesem frühen Vorläufer des Oktoberfestes gekommen sein. Ob auf den Höhen über der späteren Theresienwiese schon eine Marketenderin mit einem Fässchen Bier ihr Geschäft machte, weiß man nicht. Aber für Unterhaltung war in jedem Fall gesorgt: Die Massen sahen nicht nur das Pferderennen, sondern auch Kinder in den Trachten aller Gaue des jungen Königreichs, eine „türkische" Musik schmetterte Märsche, es wurde Salut geschossen und den Majestäten gehuldigt. Dem Kronprinzen gefiel das alles. In einem knappen Dank an die Nationalgarde, die das Spektakel organisiert hatte, versicherte er den Kavalleristen: „Volksfeste erfreuen mich besonders, sie sprechen Nationalcharakter aus, der sich auf Kinder und Kindeskinder vererbt".

Schon bei diesem allerersten Spektakel auf der späteren „Wiesn" ist also von einem Volksfest die Rede – aus allerhöchstem

Ein frühes Oktoberfestpanorama – als das Pferderennen noch im Mittelpunkt stand. Auf diesem Bild aus den Anfangsjahren des Oktoberfestes ist zum ersten Mal ein Bierfass zu sehen.

Munde noch dazu. Und das hat viele Historiker, die sich mit der Geschichte des Oktoberfestes beschäftigt haben, nachdenklich gemacht. Sollte wirklich, wie es die Gründungslegende des Oktoberfestes will, ein einzelner Offizier, der Major der Nationalgarde Andreas Michael Dall'Armi, innerhalb weniger Tage ein so gewaltiges Fest auf die Beine gestellt haben? Am 2. Oktober bat Dall'Armi König Max I. Joseph „einen alleruntertänigsten Vorschlag zur Vermehrung der Nationalfeste in tiefer Ehrfurcht vorlegen zu dürfen". Und schon am 4. Oktober gehen dem Königshaus und hochgestellten Personen des Landes die ersten Einladungskarten zu. Das nährt den Verdacht, dass der Hof selbst hinter der

Idee mit dem Pferderennen und einem damit verbundenen „Nationalfest" steckte. Ins politische Konzept dieser Zeit passte die Idee in jedem Fall. Der Wittelsbacher auf dem Thron, Maximilian I. Joseph, stammte nicht aus Bayern, sondern aus der Pfälzer Seitenlinie der Dynastie. Napoleon hatte dem neu geschaffenen Königreich 1806 einen Flickenteppich von neuen Ländereien zugeschrieben und das alles musste jetzt unter dem weiß-blauen Rautenmuster zu einer Einheit verschmelzen. Ein nationales Volksfest, das alle Gaue des Landes ansprach, kam da gerade recht – einerlei wer die Idee gehabt hatte. Und weil der erste Anlauf so erfolgreich war und Dall'Armi mit Recht verkünden durfte: „Das Fest ist vollendet und die Freude lebt fort in den Herzen der Baiern", wurde es im Jahr darauf wiederholt und dauerte da schon zwei Tage. Und von da an war klar, dass „die Volksfeier in der Maximilianswoche fortan alljährlich als gemeinsames Fest begangen werden sollte."

Dieses Fest hatte jedoch in den ersten Jahren nur wenig mit dem heutigen Oktoberfest zu tun. Es gab das Königszelt, das Pferderennen und eine Landwirtschaftsschau, bei der Vertreter des Königshauses die schönsten Ochsen und Milchkühe prämierten. Aber schon auf einem frühen Bild kann man auf der Sendlinger Höhe über der Festwiese bei genauem Hinsehen ein Bierfass erkennen. Und bei der Bretterbude, die ein erster „Wiesnwirt" zusammengezimmert hatte, blieb es nicht. Die Münchner Brauer und ihre Wirte erkannten schnell die Chancen, die das neue Volksfest vor der Stadt bot. 1824 gab es schon 31 Bierbuden auf dem Festplatz, zunächst nicht viel mehr als ein paar grobe Tische und Bänke mit einem provisorischen Dach darüber. Aber die Umstände besserten sich schnell und 1832 freute sich ein Besucher über die „leicht gezimmerten Hütten, die mit Tannenreisern, Blumenkränzen und bunten Schildern geschmückt, die Spaziergänger anlocken. Sie sind gleich Zimmern tapeziert und bieten dem Besucher jede Bequemlichkeit dar".

Und mit den Wirten kamen die Schausteller. Schon 1818 baute ein Wirt ein Karussell und zwei Schaukeln auf, eine Bolzenschießstätte kam dazu, ein Seiltänzer und eine Kunstreiterin traten im Schatten der Bierbuden auf und 1839 stellte ein Dachauer ein Kalb mit drei Füßen zur Schau. Bescheidene Anfänge! Aber das Angebot wuchs ständig: Ein Wachsfigurenkabinett faszinierte die Besucher, eine „Taucher- und Schwimmer-Gruppe" warb um die Gunst des verehrten Publikums, die „gelehrte Hunde-

Zuschauer beim Pferderennen im Jahr 1935

familie" spielte Karten und tanzte Cancan und bald schon tauchten auch Klassiker auf, die bis heute auf der Wiesn zu finden sind: das Kasperltheater und Schichtls Zaubertheater mit seinem Höhepunkt: der „Enthauptung einer lebenden Person mittels Guillotine". Gerade zehn Jahre war das Oktoberfest geworden, da hieß es schon im offiziellen Festprotokoll: „Alles strömt nun von den Anhöhen auf den, wie eine hölzerne Stadt von Traiteurs-Buden und Gezelten gefüllten ungeheuren Wiesenraum, um sich den, durch Glückshafen, Kegelbahnen und andere Spielplätze hergerichteten Belustigungen zu überlassen. Ermunternd tönte Musik auf allen Seiten, besonders von vier riesigen Tanzsälen, sodass alles nur Frohsinn und Freude athmete".

Bierdunst und Würsteldampf nicht zu vergessen. Kein Zweifel, schon in den Anfangsjahren des Volksfestes galt, was in der

Festschrift zum 125. Jubiläum über den Einzug der Wiesnwirte zu lesen war:

„Auf allen Rosten dampfen schon die Würste
Die Fässer rüsten sich zur Linderung der Dürste.
Aus Blechtrompeten quillen starke Töne,
Auf wucht'gen Rössern nahen Bayerns Söhne.
Die Fahnen flattern über weitgespanntem Zelt,
Hier ist für 14 Tage unser Mittelpunkt der Welt".

Bei aller Bierseligkeit, Schaustellerei und Würstlbraterei sollte aber doch nicht vergessen werden, was das Oktoberfest in seinen ersten hundert Jahren vor allem war: ein nationales Fest, das die neu zusammengewürfelten Stämme Bayerns zusammenschweißen sollte. Diese Möglichkeit hatte Kronprinz Ludwig schon im Gründungsjahr gesehen und seine Einschätzung war richtig. Während in der ersten Hälfte des 19. Jahrhunderts in anderen Teilen Europas Kronen wackelten und gesalbte Häupter um ihr Leben fürchten mussten, nahm Bayerns König Ludwig I. ungeniert ein Bad in der Menge der Oktoberfestbesucher. Begeistert verkündet 1830 die Zeitung „Inland": „Der König erscheint inmitten einer Volksversammlung von mehr als 60.000 Menschen, von keinem Zeichen der Gewalt umgeben, als von der Heiligkeit seiner Würde. Ein unermesslicher Jubel braust ihm aus den bunten Wogen dieser Menge entgegen. Diese 60.000 Stimmen verkünden laut und unverfälscht die öffentliche Meinung, sie geben die sicherste Gewährleistung für die innere Festigkeit Bayerns".

Kein Wunder, dass gut zwanzig Jahre später auch König Maximilian II. das Oktoberfest als Kitt zwischen allen Landesteilen und als Stabilitätsfaktor für sein Reich nutzen will. Der Münchner Stadtchronist schrieb: „Schon zu Beginn des Jahres 1852 wurde dem Münchner Magistrat kundgegeben, es sei der lebhaf-

Bayern und Pfalz – Hopfen und Malz: Schöner kann man die Verbindung zwischen Nationalfest und Nationalgetränk nicht herstellen.

teste Wunsch des Königs, daß das Oktoberfest zu einem wirklichen Nationalfeste für ganz Bayern ausgestaltet und daß die Teilnahme an dem Feste auch in den entlegensten Gegenden des Landes belebt und erhöht werden möchte". Zu welchem Zwecke die Königlich Bayerische Eisenbahn, die damals schon munter durchs Land dampfte, von Oktoberfestbesuchern nur den halben Fahrpreis verlangte.

Wer sich trotz verbilligter Fahrpreise nicht auf den Weg nach München machen wollte, der konnte seinem Landesherrn auch auf einem frühen fränkischen Ableger des Oktoberfestes huldigen. Mitte des 19. Jahrhunderts wurde aus Nürnberg der folgende hochamtliche Bericht an das bayerische Innenministerium in München geschickt: „Vom Jahre 1833 bis 1842 wurden in Nürnberg zur Feier des Geburtsfestes König Ludwigs Volksfeste nach Art des Oktoberfestes abgehalten. Der längere Aufenthalt der Majestäten während des Sommers 1855 gab Anlass zu einer Wiederholung auf dem Maxfeld getauften Anger in nächster Nähe der Stadt. Diese Volksfeste haben gezeigt, was Nürnbergs Einwohnerschaft mit vereinten Kräften zu wirken vermag, und bewiesen, dass die Nürnberger – arm und reich – nie zurückstehen, in alter und neuer Zeit, wo es gilt, eine gemeinsame vaterländische Sache zu fördern".

Das Münchner Oktoberfest 1910

Aber das Zentrum der vaterländischen Oktoberfeierlichkeiten blieb natürlich München. Und hier dichtete der königliche Archivrat Ernst von Destouches zur Jahrhundertfeier des Festes, 1910, an Prinzregent Luitpold gerichtet:

„O nimm, Du lieber Herr, der Du so teuer
Den Kindern allen Deines Volkes bist,
Bei des Oktoberfests Jahrhundertsfeier,
Das ein Symbol der Bayerntreue ist,

Huldvoll der Kinder Herzenswunsch entgegen,
In Treue fest wir jubeln ihn hinaus:
Hoch unser Prinzregent! Mit reichstem Segen
Gott segne ihn und unser Königshaus!"

Aber Destouches schien schon zu ahnen, dass es jetzt, am Vorabend des Ersten Weltkriegs, um mehr ging als Fürstentreue. Er sah voraus, was das Oktoberfest schon bald sein würde: ein enorm wichtiger Wirtschaftsfaktor für München und das Umland. „So hat diese Hundertjahrfeier aufs neue dargetan, welch eminente wirtschaftliche Bedeutung das Oktoberfest für die Stadt München hat, eine Bedeutung, die allein schon den Wunsch als vollberechtigt erscheinen läßt, daß München sein Oktoberfest erhalten bleibe bis in die fernste Zeit."

„DAS ÄDLE BAIERNHERZ MUS FOHLER UNMUT SEIN..." – DIE BAYERISCHEN BIERREVOLUTIONEN

Man darf es nicht vergessen: Das Bayerische Reinheitsgebot von 1516 hat nicht nur Hopfen und Malz zum Inhalt. Es sollte vor allem der Kontrolle des Bierpreises dienen. Gleich die ersten Sätze fordern ja, etwas eingedampft und in modernes Deutsch übertragen: „Wir ordnen an, dass überall im Fürstentum Bayern, auf dem Lande, wie auch in den Städten und Märkten vom 29. September bis zum 23. April eine Maß Bier nicht teurer als zu einem Pfennig Münchner Währung, und vom 23. April bis zum 29. September höchstens zu zwei Pfennig dieser Währung ausgeschenkt werden darf".

Der 29. September ist der Tag des heiligen Michaels, an dem die Brausaison startete, weil es jetzt in den Sudhäusern kühl genug war, und der 23. April ist Georgi, der Tag des heiligen Georgs, an dem traditionell die Brausaison endete. Von nun an wurde das Bier immer knapper und damit teurer. Ein staatlich festgesetzter Bierpreis, für ein ganzes Fürstentum und unabhängig davon, wie gut beispielsweise in einem Jahr die Gerstenernte ausfiel oder wie die Teuerung im Lande allgemein verlief, das konnte nicht lange gut gehen. Und die bayerischen Herzöge erließen denn auch schon wenige Jahre später immer neue Ausnahmevorschriften, die diese Regel aufweichten.

Der Bierpreis blieb aber in Bayern über Jahrhunderte wichtiger als der Brotpreis – für das Volk und für die Herrscher. Das wurde besonders deutlich, als mit der französischen Revolution, mit den napoleonischen Kriegen und den Freiheitsbewegungen der Deutschen frischer Wind auch in die Fürstentümer kam und die Untertanen begannen aufzumucken.

Im September 1830 schickte der Münchner Polizeipräsident Heinrich Gallus von Rinecker ein Warnschreiben an die Bezirksregierung des Isarkreises, zu dem München gehörte: „Es muß erwähnt werden, dass die Anzahl derjenigen, welche teils durch eigene Schuld, teils durch sonstige Einwirkungen Mangel leiden, in der Stadt und Umgebung nicht gering ist … Dann steht da auch noch die Dürftigkeit der hiesigen Einwohnerschaft zu dem Vermögensstande in sehr großem Mißverhältnis, wozu auch noch der traurige Umstand kommt, daß Immoralität und Arbeitsscheue immer allgemeiner sich verbreitet".

Gefährliche, quasi vorrevolutionäre Zustände. Und wie äußerte sich dieser Unmut mit den bestehenden Verhältnissen in Bayern? Die Wittelsbacher hatten Glück. Die aufbegehrenden Arbeiter und Handwerksgesellen zogen nicht vor die königliche Residenz, sie suchten sich ein anderes Ziel: die bayerischen Bierbrauer. Die hatten sich in München zu einem privilegierten Stand entwickelt, wohlhabend, „gwappelt", wie man auf Bayerisch sagt. Und das

Büste des Großbrauers Joseph Pschorr in der Ruhmeshalle

schon seit geraumer Zeit. Bereits 1542 hatte der bayerische Landtag darüber geklagt, dass „vor kurzen Jahren nicht der zehente Theil Bierbrauer im Land gewest, der doch ietzt ob tausend darin gefunden, die alle reich, und zu Herrn wurden". 300 Jahre später fuhren die Brauer vierspännig in die Höfe ihrer pompösen Stadtpalais, in denen die Brauersgattinnen die Crème de la Crème der Münchner Künstler um sich scharten, Maler, Poeten und Musiker. Bei den Sedlmayrs, den Besitzern der Spatenbrauerei, soll nach einem Auftritt im Bayerischen Nationaltheater sogar Caruso vorbeigeschaut haben.

Nicht nur in München fiel das neureiche Gehabe der Brauer auf. Zu Beginn des 19. Jahrhunderts notierte sich der bayerische Staatsrat Joseph von Hazzi über die Isargemeinde Tölz, deren Brauer regelmäßig Bierfässer nach München flößen ließen: „Übrigens herrscht in Tölz viel Lebhaftigkeit und Luxus, besonders unter den Brauersfrauen die reich und prächtig gekleidet sind, sich mehrere Näherinnen zum An- und Auskleiden und sonst als Kammerdienerinnen halten".

Natürlich waren die bayerischen Brauer in aller Regel überzeugte Patrioten. Einer dieser biersiedenden Kommerzienräte, nicht den Münchner Bierbaronen angehörend, sondern in einer anderen Stadt tätig, hatte in seinem Haus ein neuzeitliches Spülklosett mit einer Porzellanschüssel. Auf deren Grund war in schönstem Delfter Blau das preußische Staatswappen eingelassen. Und der stolze Adler musste jeden Morgen, an dem es dem Herrn Kommerzienrat gefiel, dessen „Geschäfte" über sich ergehen lassen.

Man war wer, man hatte was und man zeigte das auch. Unter den 15 Münchnern, die am höchsten besteuert wurden, befanden sich zehn Brauer. „Bierbaron", diesen Beinamen ließen sich die Pschorrs und die Sedlmayrs, die Breys von der Löwenbrauerei und all die anderen Münchner Brauer gerne gefallen, klang es doch noch um einiges nobler als der Titel Kommerzienrat, den sich viele über großzügige Stiftungen verschafften.

Von der Ruhmeshalle aus, die König Ludwig I. über der Theresienwiese erbauen ließ, darf neben Berühmtheiten wie Carl Spitzweg oder Oskar von Miller, dem Gründervater des Deutschen Museums, auch der Großbrauer Joseph Pschorr zur Wiesnzeit auf das Zelt seiner Familie blicken. Und wenn ein Bierbaron das Zeitliche segnete, dann war ihm auf dem noblen Münchner Südfriedhof ein Mausoleum gewiss, so prachtvoll, dass es ein jeder seiner Mälzer und eine jede seiner Kellnerinnen gerne bezogen hätte.

Denn in den Brauereien und Wirtshäusern wurde schwer geschuftet – und das zu Hungerlöhnen. Fünfzig Pfennige verdiente eine Kellnerin an einem Arbeitstag, der Mitte des 19. Jahrhun-

Eine „maßgebende" Persönlichkeit.

P. O. E.

18 Maß – Respekt

derts leicht zwölf Stunden dauern konnte. Und das zu einer Zeit, in der die Maß Bier 25 Pfennige kostete und drei Eier 24 Pfennige. Freilich bekamen die Kellnerinnen noch Trinkgeld, aber dafür hatten sie auch „Spesen": Salz und Pfeffer auf ihren Tischen mussten sie aus der eigenen Tasche zahlen, genauso wie die Zündhölzer oder Zahnstocher für ihre Gäste. Und auch allerlei Hilfspersonal, das in einer Wirtschaft herumwerkelte, von den Stühleaufstellern bis zu den Geschirrspülerinnen, mussten die Kellnerinnen zahlen.

Und in den Brauhäusern ging es auch nicht gerade gemütlich zu. Über die Arbeiter in den Darren, in denen das Malz bei achtzig Grad Lufttemperatur getrocknet wurde, heißt es in einem Bericht aus dem 19. Jahrhundert: „Es ist so heiß, das beim Abdarren Nase, Ohren und Fingerspitzen brennen. Das in so generöser Weise vom Geschäft zur Verfügung gestellte Handtuch, ein dauerndes Begleitstück des Darrmälzers, sammelt den Schweiß des Gerechten …".

Aber nicht diese Arbeitsbedingungen und auch nicht die vom beunruhigten Münchner Polizeipräsidenten festgestellte „Dürftigkeit der hiesigen Einwohnerschaft" führten zwischen 1833 und 1910 immer wieder zu Krawallen rund ums Bier: Es war der Bierpreis und manchmal auch die Qualität des Suds, der die Bayern buchstäblich auf die Barrikaden brachte.

Die Münchner waren es leid, von ihren Brauern immer und immer wieder über den Wirtshaustisch gezogen zu werden. Schon 1723 hatten die Räte des damaligen Kurfürsten Max Emanuel beklagt, dass die „bräuenden Stände" eine vom Land erlassene Biersteuer zwar auf Heller und Pfennig ihren Kunden abzwickten, diese dann aber für sich behielten, statt sie, wie vorgesehen, „alleinig dem publico aerario", also der Staatskasse zukommen zu lassen.

Gut hundert Jahre später, 1833, brachte eine Schmähschrift, die „Beleuchtungsschrift des Münchner Bräuvereins", den Unmut der Münchner auf den Punkt: „Gegenwärtig, wo zuviel am Bier gekünstelt und geschminkt wird, giebt es dahier einige Bräuer, welche sich sogar öffentlich der Kunst rühmen, daß sie das am besten mundende Bier, ungeachtet dessen, daß es gehaltloser und substanziös geringer, als in den übrigen Bräuhäusern sei, zu fabrizieren verstünden. Und solch ein Bräuer gilt dann unter vielen seiner Zunftgenossen als ein Löwe des Tages."

Niemand hatte Verständnis dafür, dass sich die Brauer lauthals über die hohen Gersten- und Hopfenpreise beschwerten und über ruinöse Abgaben klagten. Schon als der bayerische Schriftsteller Johann Pezzl Ende des 18. Jahrhunderts Bayern bereiste und Fakten für sein Buch „Reise durch den Baierischen Kreis" sammelte, machte er sich über diese Klagen lustig: „Es läßt drollig, wenn ein Brauer, ein Wirth, ein Bäcker, Fleischhacker usw., dessen Körper eineinhalb Klafter an der Peripherie hat, und dem ein dreifaches von Fette triefendes Unterkinn bis an die Brust herunter hängt, über schlechte Zeiten, viele Abgaben und Nahrungsmangel klagt ...".

Die Brauer hätten gewarnt sein müssen, war die allgemeine Stimmung doch so scharf gegen sie gerichtet, dass der Korrespondent einer französischen Zeitung nach Paris kabelte: „Die Bayerns sind ein derbes, aber gutmütiges Volk, sie ließen eher Holz auf sich spalten, als dass sie zu einem Aufstand zu bringen wären. Doch man nehme oder verkümmere ihnen ihr Bier und sie werden wilder revoltieren als irgendein anderes Volk".

Die erste große Bierrevolution brach schließlich 1844 aus. Die Münchner Brauer hatten es gewagt, den Bierpreis um einen halben Kreuzer zu erhöhen, und das brachte die bierseligen Münchner so aus der Fassung, dass sich der Erfinder der Kurzschrift, der Kanzleibeamte Franz Xaver Gabelsberger notierte (vielleicht ja schon in Steno): „In den Häusern der Bräuer blieb kein Fenster bis in den dritten Stock hinauf, keine Tür, kein Laden, kein Tisch noch Stuhl, kein Ofen, keine Uhr, kein Geschirr usw. ganz".

Was die Brauer in diesen Tagen am meisten schockierte, war aber nicht der Volkszorn, der ihre Häuser und Braustätten verwüstete, sondern die erschreckende Erfahrung, dass ihnen Gendarmerie und Militär nur sehr zögerlich zu Hilfe kamen. Polizisten und Soldaten, ja selber einer Maß nicht abhold, solidarisierten sich mit den Aufrührern.

Das zeigte sich noch verschärft, als im Revolutionsjahr 1848, in dem in ganz Deutschland die Kronen wackelten, auch in München ein Aufstand losbrach. Allerdings wieder nicht gegen das „angestammte Herrscherhaus", die Wittelsbacher, sondern erneut gegen die Brauer. 1848 galt ein Bierpreis von vier Kreuzern als gottgegeben. Und als die Brauer diesen gleich um fünfzig Prozent auf sechs Kreuzern erhöhten, da ging das Volk der Biertrinker wieder einmal auf die Barrikaden, diesmal mit der Losung: „Wir wollen die Maß für vier". Und diesmal marschierten in den Protestzügen ganz offen auch Soldaten mit. Als sich dann herumsprach, dass „beim Pschorr" die Brauburschen drei Soldaten erschlagen hätten, da gab es kein Halten mehr. Die Brauer mussten diesmal um ihr Leben fürchten. Der Löwenbräuchef rettete sich vor dem Volkszorn „mittels einer von großem Muthe getragenen Abseilung aus dem im zweiten Stockwerk gelegenen Fenster" und der Augustinerbräu verkroch sich samt seiner Familie im Keller.

Ein paar Jahrzehnte später waren Münchens Brauer schlauer geworden. 1888 wollten sie die schon im Bayerischen Reinheitsgebot festgeschriebene Bierpreisstabilität mit einem Trick aushebeln. Auf dem Münchner Nockherberg sollte in aller Stille eine Bierpreiserhöhung durchgesetzt werden. Die Kellner schenkten das Bier zum selben Preis aus wie immer, aber in einer „Dreiquartel-Maß", die nicht einen Liter, sondern nur Dreiviertelliter fasste. Aber da brach sich der Unmut erst recht Bahn. In der Zeitung stand damals zu lesen: „Bei der in der Kellerhalle am Nockherberg

Der „Münchner Fenstersturz" im Hause der Brauerfamilie Pschorr

**Auf die Barrikaden – nicht gegen das „angestammte Herrscherhaus",
sondern gegen die Brauer**

entstandenen Salvatorschlacht vermochte die zu Hilfe gerufene
Gendarmerie zu Fuß und zu Pferd ebenso wenig etwas auszurichten wie die gleichfalls alarmierte Wache vom Zuchthaus in der Au.
Als die Maßkrüge verfeuert waren, stiegen die Hauptexzedenten
aufs Dach, rissen die Dachziegel heraus und warfen damit. Endlich
kam eine Abteilung von 50 Schweren Reitern, ritt in die Halle hi-
nein und trieb die brüllende Menge mit flachen Säbelhieben ausei-
nander". Der Artikel endet mit der Aussage: „Es gab eine Masse
von Verletzten, darunter auch Schwerverletzte auf beiden Seiten".

Und es gab noch andere bedauernswerte Opfer: harmlose Hüte
aus Filz. Denn wer hatte denn Schuld an den immer neuen Bier-

preiserhöhungen? Die aufgebrachte Menge hatte die Schuldigen schnell ausgemacht: die „Großkopferten". Und was trug so ein Großkopferter 1888 auf dem Haupt, wenn er in den Biergarten aufbrach: einen Zylinder. Also machten sich die Aufrührer über alle her, die einen Chapeau Claque aufhatten. Sie zogen den entsetzten Bürgern die Zylinder über die Ohren, drückten diese zusammen oder ließen sie durch die Luft segeln. Der gewalttätige Protest gegen die verschleierte Bierpreiserhöhung ging als die

Als Johann Nikolaus Bach (1669–1753) die ihm zugeschriebene „Bieroper" verfasste, lag die Münchner Bierrevolution von 1848 noch in der fernen Zukunft. Ihr Text scheint trotzdem auf diese Horrortage der bayerischen Brauer gemünzt zu sein, besonders die letzte Strophe:

„Was das Bier in einer Stadt
für verbotne Wirkung hat,
kann man an den Fällen sehen,
die da pflegen vorzugehen.

Dieser wird in Schlägereien
durch das starke Bier forciert,
jener lässt es auf sich schneien,
daß er wohl bezecht erfriert.

Und wer es nicht vertragen kann
stiftet Mord und Totschlag an.
Feuersbrunst sammt Kett' und Banden
sind durch starkes Bier entstanden."

Den Maßkrug verkleinern – so weit kommt's noch.

„Salvatorschlacht" in die Annalen der Stadt ein.

Auch in anderen Gegenden Bayerns ging man ähnlich rabiat gegen Bierpreiserhöhungen vor, in Bamberg etwa oder in Nürnberg. Über das Treiben der fränkischen Aufständischen berichtet Georg Herwegh in seinem Gedicht „Der Nürnberger Bierkrieg":

„Zu Nürnberg, der alten Stadt
der Türmlein und der Erker
wenn da der Mensch kein Bier nicht hat,
so wird er zum Berserker.
Es war ein Schlachten,
glaubt es mir,
als wie vor Trojas Mauern …
Der Feldzug galt den Brauern,
er galt dem Bier und nebenbei
dem öffentlichen Wohle.
‚Bier her!', so hieß das Feldgeschrei,
und ‚billig' die Parole.
Hei wie die Recken Bayernlands
da wüteten, die tapfren,
nicht eine Scheibe ließ man ganz
den teuren Bierverzapfern".

Tragisch ging der „Zehner Bierkrieg" aus, der 1910 im an sich idyllischen oberbayerischen Dorfen ausbrach. Wieder ging es um den Bierpreis, der diesmal von 24 auf 26 Pfennige erhöht worden war.

In Dorfen bekamen die Brauer zunächst anonyme Briefe: „Wenn das Bier nicht bis zum nächsten Sonntag wieder seinen alten Preis hat, dann kannst du was erleben. Dann brennen wir dir die ganz Kaluppn nieder und die Wirtshäuser dazu". Als die Brauer standhaft blieben, brannten sie tatsächlich, die Dorfener Wirtshäuser und Sudhäuser.

Und nicht nur sie. In einer Schrift der Stadt Dorfen wird beklagt: „Trotz eifrigen Einsatz der Feuerwehren, die von den Brauern Freibier erhielten, griff der Brand auf die benachbarten Häuser über, so dass schließlich sieben Anwesen vernichtet wurden".

Es war die letzte große Schlacht um einen „gerechten" Bierpreis, wie ihn schon Wilhelm IV. im Bayerischen Reinheitsgebot durchzusetzen versucht hatte.

Wie wichtig, ja lebensnotwendig das Bier für Bayern und die Bayern in ihrer langen Geschichte immer war, das kann man an einer anderen Episode ablesen, in der es um einen friedlichen Protest gegen eine Bierpreiserhöhung ging. Diesmal riefen die

Ausgebrannte
Häuser nach
dem Dorfener
Bierkrieg

147

Münchner Zecher zum Boykott auf. Wenn die Brauer nicht nachgäben, dann würde man eben Wasser trinken, Milch oder Limonade, alles, nur kein Bier. Es zeigte sich aber schnell, dass dies den Boykotteuren ganz und gar nicht gut tat. Der Bierboykott musste seiner fürchterlichen Folgen wegen abgebrochen werden, wie die Lokalzeitung erschüttert berichtete: „Der Bierboykott kann als verloren gelten … Das Wasser verursacht unseren Arbeitern heftiges Leibweh und starken Durchfall. In einer Maschinenwerkstätte mussten sich 17 Arbeiter wegen zu starken Wassergenusses in ärztliche Behandlung begeben. Der Bierboykott macht unsere Arbeiter krank und hinfällig".

Kein Wunder, vermeldete doch der Münchner Bibliothekar und Verfasser eines bis heute viel genutzten bayerischen Wörterbuchs, Johann Andreas Schmeller, 1829 Erstaunliches über den Bierdurst seiner Landsleute: „Auf einen Sitz zwei, drei Maß zu

„Herrgott dös wär a G'frett …," ächzt der Zecher an der Wand des Tegernseeer Bräustüberls

1849 versuchte ein nicht genannter Autor, den Streit um den Bierpreis mithilfe der Mathematik zu lösen. „Zur Beherzigung der bayer. Staatsregierung: ein Beitrag zur Lösung der von seiner Majestät König Maximilian II. gegebenen Preisfrage durch Erzielung besserer und wohlfeiler Biere in Bayern und speziell in München" heißt die Streitschrift. „Wegen der auch jetzt wieder befürchtet werdenden Krawalle", versucht der Autor eine „nähere Berechnung der Auslagen und Kapitalzinsen welche von den Bräuern wirklich geleistet, und welche ihnen durch das Bierregulativ vom Publikum dagegen bezahlt werden müssen". Er verrechnete also die Kosten der Brauer mit dem Bierpreis und kam zu der Auffassung, dass die Bierbarone weit überhöhte Preise verlangten. Sein Lösungsansatz für einen gerechteren Bierpreis war radikal: „Die Berechnung des Winterbierpreises geschehe in 2 Abteilungen: Für die I. Periode, nämlich die Monate Oktober, November und Dezember, aus den mittleren Gersten-, Hopfen und Holzpreisen der Monate Februar, März und April". Für die zweite Winterhälfte galt dasselbe Verfahren: Die Kosten der Brauer für einen Sud, geteilt durch die erzielten Liter – derart einfach sollte der Bierpreis künftig ermittelt werden. Durchgesetzt hat sich diese Methode leider nicht.

trinken ist etwas Gewöhnliches. Vier, fünf, sechs nichts Außerordentliches. Es gibt Leute, die tagtäglich ihre 20 Maß zu Leibe nehmen". Da fällt ein Boykott natürlich schwer. Und so griffen selbst die bier-revolutionären Arbeiter der Münchner Lokomotivfabrik Krauss nach einigen Tagen wieder zum Masskrug, obwohl sie doch gerade noch verkündet hatten, sie würden bei diesem „großkapitalistischen Preis keine Actienbrühe mehr trinken."

Auch der Schriftsteller Ludwig Thoma zeigte sich betroffen und ließ seinen fiktiven Landtagsabgeordneten Josef Filser im Rückblick auf die stürmischen Zeiten schreiben:

„Das ädle Baiernherz mus fohler Unmut sein,
bald es einmal Limanahdi trinkt."

Ein einziges Mal, aber wirklich nur ein einziges Mal scheinen die Münchner eine Erhöhung des Bierpreises ohne Murren akzeptiert zu haben. Im Winter 1823 brannte das gerade fertiggestellte Nationaltheater, im Jahrbuch der Stadt München liest man: „In kürzester Zeit ergriff der Brand das ganze Haus, weithin war die Gegend beleuchtet."

In diesem Inferno soll König Maximilian I. Joseph untröstlich durch die benachbarte Residenz geirrt sein, laut klagend: „Mein schönes Theater – das überleb ich nicht".

Das Schlimme an der Katastrophe: Das Löschwasser war gefroren, die Feuerwehr stand dem Brand machtlos gegenüber. Da rückten die Münchner Brauer mit ihrem Bier aus – und dank vieler Hektoliter besten Gerstensaftes konnte, so heißt es, der Brand eingedämmt werden. Und als man zur Finanzierung des Wiederaufbaus dann wieder einmal den Bierpreis anhob, da haben die Münchner es dieses eine Mal klaglos hingenommen.

PROST, JAMAS, GAN BEI –
DIE WIRKUNGSGESCHICHTE DES
REINHEITSGEBOTS

Das Bayerische Reinheitsgebot gleich in drei Sprachen hochleben zu lassen, auf Deutsch, Griechisch und Chinesisch, das mag übertrieben erscheinen, ist es aber nicht. Man könnte ruhig noch ein paar weitere Sprachen dazunehmen, aus all den Ländern, in denen das Gebot Wilhelms IV. bis heute nachwirkt, etwa Spanisch. In Spanien ist ein Bier auf dem Markt, das den Markennamen „1516" trägt und nach dem Reinheitsgebot gebraut wird. Aber beginnen wir im Ursprungsland Bayern. In einem der vorhergehenden Kapitel haben wir bereits erfahren, wie häufig das Reinheitsgebot in seinem Ursprungsland missachtet wurde.

Aber dadurch soll kein falscher Eindruck entstehen: Die Obrigkeit war im Herzogtum, später im Kurfürstentum und schließlich im Königreich Bayern immer bemüht, das Reinheitsgebot in all seinen Punkten durchzusetzen: Bei der vorgeschriebenen Qualität, nur Gerste, Hopfen und Wasser, bei der Brauzeit, nur zwischen Michaeli und Georgi, und beim Bierpreis, der 1516 ja mit einem Pfennig für die Maß festgelegt worden war.

Der Bierpreis ließ sich natürlich nicht lange bei einem Pfennig für den knappen Liter halten, Inflation gab es schon damals. Und auch die Währung wechselte im Lauf der Zeit, etwa von Pfennigen zu Hellern. Bis zum Ende des Königreichs, nach dem Ersten Weltkrieg, wurde daher fast unentwegt über einen gerechten Bierpreis gestritten.

Auch die im Reinheitsgebot festgelegten Brauzeiten wurden überprüft: Wer sich nicht daran hielt, wurde bestraft, manchmal auf sehr eigentümliche Weise. So verzeichnet das Ratsprotokoll der Gemeinde Grafing, heute zum Landkreis Ebersberg gehörend: „daß im Jahr des Herren 1639 Hans Grandauer, Ratsbürger und Pierpräu, weil er vor Egidi ohne Erlaubnis Bier gesotten hatte, zu einer Strafe von 1000 Ziegelsteinen verurteilt wurde". Egidi, das war der 1. September, ein Tag, der deutlich vor dem im Reinheitsgebot festgelegten Braubeginn lag.

„DAS SCHLÄGT DEM FASS DEN BODEN AUS …" – DAS SEGENSREICHE WIRKEN DER BIERPRÜFER

Aber natürlich ging es bei der Durchsetzung des Reinheitsgebots vor allem um die Bierqualität. Und um die kümmerte sich nach 1516 eine ganz neue Berufsgruppe: die Bierbeschauer. Sie wurden von der Obrigkeit bestellt und sollten durch regelmäßige Kostproben Verstöße gegen das Reinheitsgebot aufdecken. Dabei gingen sie nach strengen Regeln vor, die von Stadt zu Stadt wechselten. Sie durften am Prüfungstag weder Fisch noch Käse zu sich nehmen, um ihre Geschmacksnerven nicht zu beeinflussen, in anderen Gemeinden war ihnen am Vortag eines Examens der Genuss von Bier und Wein untersagt und als sich vom 17. Jahrhundert an der Tabak in Europa durchsetzte, wurde ihnen nicht nur das Rauchen, sondern auch das Schnupfen und der Kautabak verboten. Und um die armen Bierprüfer nicht zu überfordern, durften sie an manchen Orten nicht mehr als sechs Proben pro Tag abhalten.

Die Prüfer hatten, was das Bier angeht, recht weitgehende Vollmachten. Wenn ihnen ein Trunk nicht zusagte, konnten sie den Brauer zu einer Geldstrafe verdonnern, sie konnten ihn dazu zwingen, sein misslungenes Bier billiger abzugeben, und wenn ihnen ein Sud ganz und gar ungenießbar erschien, dann ließen sie „dem Fass den Boden ausschlagen" und das Bier versickerte im Boden. Kein Wunder, dass die Brauer alles daran setzten, die Kontrolleure milde zu stimmen. Ein gängiges Mittel war es, die Bierbeschauer während der Proben üppig zu bewirten, was immer wieder einmal dazu führte, dass auch nicht ganz so wohlgeratene

Biere den Segen und das Siegel der Prüfer erhielten. Die erklärten das Schmausen schnell zum Gewohnheitsrecht, was für die Brauer nach und nach so teuer wurde, dass die Landshuter Biersieder im 17. Jahrhundert ihrem Landesherren klagten: Wer den immer umfangreicheren Wünschen der Bierbeschauer nicht nachkomme, der werde abgestraft, auch wenn sein Sud einwandfrei sei. Um das Geld für die Bestechung der Kontrolleure zu sparen, verlegten sich manche Brauer aufs Tricksen. Im 18. Jahrhundert kam eine bayerische Untersuchungskommission zu einem niederschmetternden Ergebnis: „Dem Beschauer wird gutes Bier vorgesetzt; sobald die Beschauer dann fort sind, mitunter einen Tag lang, wird dieses ausgeschenkt. Dann wird schlechtes Bier dazu geschüttet, indem der Hauptspund aufgeschlagen, das Siegel auf der Seite etwas weggenommen wird, um in die frei werdende Öffnung schlechtes Bier einzuschütten. Unter dem Faßreifen ist ein verborgener Spund, durch welchen schlechtes Bier in das beschaute Faß geschüttet wird. Das Wachssiegel der Beschauer wird durch Abdruck nachgemacht. Um zu einem billigeren Schenkpreis zu kommen, gießen sowohl Bräuer als auch Wirte immer wieder Wasser zu, was dem Biere gar nicht bekommt."

Dieses Verwässern der Biere war besonders schwer nachzuweisen. Aber eine – recht urwüchsige – Methode gab es, um festzustellen, ob ein Bier kräftig genug eingebraut war. Spätestens seit das Bier hinter Klostermauern heimisch geworden war, galt es als flüssiges Brot, als ideale Fastenspeise. Ein halber Liter Bier heutiger Brauart hat ungefähr 210 Kalorien, hauptsächlich Kohlenhydrate und ein wenig Eiweiß. Das ist ziemlich genau die Kalorienzahl von hundert Gramm Bauernbrot. Und wir haben ja gesehen, dass den Mönchen zuweilen fünf Maß Bier am Tag zugestanden wurden, das wäre dann der Gegenwert von einem Kilo Brot. Oder, um es auf eine beliebte Fastenspeise bayerischer Klöster umzurechnen: Fünf Maß Bier ersetzen rund eineinhalb

$$p = \frac{100 \cdot (2{,}0665 \cdot m_{\text{alc}} + E_{\text{w}})}{100\,g + (0{,}11\,g + 0{,}9565\,g) \cdot m_{\text{alc}}}$$

m_{alc} = Massenanteil Alkohol in Prozent
E_{w} = Extrakt wirklich in Massenprozent
In der Brauindustrie spricht man auch von Extraktgehalts-
messung, für die industrielle Messverfahren existieren.
Mit dieser Formel kann man sich jederzeit den Stamm-
würzegehalt des Biers ausrechnen.
Die genaueste Analysemethode, um die Stammwürze von
Bier zu bestimmen, ist die Destillationsanalyse. Durch
sie kann mithilfe der Balling-Formel die Stammwürze
errechnet und somit die Biersteuer bestimmt werden.

Kilo Forelle oder Karpfen. Das gilt freilich nur, wenn das Bier or-
dentlich eingebraut worden ist, mit dem richtigen Verhältnis von
Malz zu Wasser. Das war längst nicht immer der Fall, nicht vor
und auch nicht nach dem Erlass des Reinheitsgebots. Wir haben
ja schon gehört, dass ein leibhaftiger bayerischer Staatskanzler
Mitte des 18. Jahrhunderts Schlimmstes vermutete: „Man glaubt,
das eben durch das schlechte und unkräftige Bier die alte Stärke
der Deutschen so merklich abgenommen hat."
   Wie aber konnte man früher Kraft und Stärke des Biers überprüfen? Farbe, Aussehen, Geschmack, das ja, aber den Kalorien-
gehalt, der sich im Begriff der „Stammwürze" verbirgt? Die
Bierspindel, ein Messinstrument, mit dem man die Stammwürze
genau bestimmen kann, wurde erst zu Zeiten des Universal-
gelehrten Zedler erfunden. Der lobte sie in seinem 1754 fertig-

gestellten Lexikon, damals noch unter dem Namen Bierwaage: „Dies ist das Mittel, ... auch die Bierschenker an der Verdünnung des Bieres zu verhindern, indem die Bierwaage den Zusatz von Wasser sogleich entdeckt".

Es gab aber schon vor der Erfindung der Bierwaage eine Prüftechnik. Von der weiß man aber nicht so recht, ob sie nicht ins Reich der Legenden gehört. Sie taucht aber immer wieder auf, in historischen Berichten, mit Bildern unterlegt und auch in der Literatur. Es handelt sich dabei um eine Bierprobe der ganz besonderen Art, in der es speziell um die Stärke des Biers geht, die von Abraham a Santa Clara und unserem bayerischen Staatskanzler so bitter vermisst wurde. Man muss sich die Szene so vorstellen: Die Wirtshaustür öffnet sich und herein treten drei Bierbeschauer. Sie wählen einen Tisch und die dazugehörige Holzbank und bitten den Wirt, ein paar Gläser seines Biers auf die Bank zu schütten. Dann setzen sie sich in die Pfütze, stellen

Die Münchner Bierprobe – vielleicht nur eine Legende

155

eine Sanduhr auf den Tisch und warten, bis eine Stunde abgelaufen ist. Wie es weitergeht, reimt Guido Görres, der zu Beginn des 19. Jahrhunderts in München lebte, in seinem Gedicht „Die Münchner Bierbeschau":

„Sie gossen's auf die Bank fein aus,
Und setzten d'rauf sich frei,
Und kleben mußte dann die Bank,
Erhoben sich die Drei.

Sie gingen drauf mit selber Bank
Vom Tische bis zur Thür,
Und hing die Bank nicht steif und fest,
Verrufen war das Bier."

Görres klagt in seinem Gedicht dann aber auch gleich darüber, dass das Bier seiner Zeit viel zu dünn sei für so eine Bierprobe:

„Doch wird noch in der Bürgerschaft
Der alte Brauch geehrt,
Nur hat sie ihn, wie and'res auch,
In's Gegentheil verkehrt.

An ihnen klebt die Bank nicht mehr,
Drum kleben sie an ihr,
Und sitzen drauf wie angepicht,
Als wär's das alte Bier!"

Ob sie nun alle stimmen oder nicht, die Geschichten von den Bier-
beschauern, die sich mit fettem Schweinsbraten bestechen ließen
und zuweilen eine Bierbank an der Lederhose kleben hatten – fest
steht: Das Reinheitsgebot von Wilhelm IV. war in Bayern gültiges
und höchst lebendiges Recht – 355 Jahre lang.

Immer wieder wurde das Verbot, zur Bierherstellung andere
Zutaten als Gerstenmalz und Hopfen zu verwenden, neu verankert. Allein im 19. Jahrhundert mindestens dreimal: In einem
Landtagsbeschluss vom 10. November 1861, in der Aufhebung
des Biertarifs vom 19. Mai 1865 und im Malzaufschlagsgesetz aus
dem Jahr 1868.

Gerade im Königreich Bayern versuchte man, über ein schar-
fes Braurecht den Bürgern zu einem anständigen Trunk zu ver-
helfen. 1809 war das Königreich gerade drei Jahre alt und wurde
von König Maximilian I. Joseph regiert. Dessen Staatsminister
Maximilian Joseph von Montgelas hatte in den politisch drama-
tischen Tagen der napoleonischen Zeit wahrlich genug zu tun.
Aber das Bier scheint auch ihm eine Herzensangelegenheit gewesen zu sein und so wies er die einst „churbaierische", jetzt aber
königliche Akademie an, „herauszufinden, auf welche Weise die
verschiedenen Biergattungen ersichtlich ihrer unverfälschten
Reinheit, Gesundheit und zulänglichen Reichhaltigkeit, von den
Polizeibehörden am zuverlässigsten geprüft werden können". Die
Akademie setzte eine eigene Kommission ein – und die ließ sich
Zeit. Prüfte Biere aus dem In- und Ausland, vom Salvator bis
zum englischen Doppelporter, verzeichnete spezifisches Gewicht,
Alkoholgehalt, Kohlensäure und noch einiges mehr und legte,
nach 27 Jahren, einen umfassenden Bericht vor: eine „Instruction
nebst allgemeinen Rechnungsvorschriften, Gehaltstabelle und
Abbildungen". Alles was man zu diesem Zeitpunkt über das Bier

wissen konnte. Gut 300 Jahre nach dem Erlass des Reinheitsgebots hatte dieses in Bayern auch seine wissenschaftlichen
Grundlagen bekommen.

36 Jahre nach diesem Abschlussbericht war Ludwig II. König
von Bayern. Und dieser musste sich einer delikaten politischen
Mission unterziehen. Ausgerechnet er, der weltflüchtige Träu-
mer, musste dem preußischen König Wilhelm I. auf den deutschen Kaiserthron helfen. Ludwig II. ließ Wilhelm im Namen
aller deutschen Fürsten den von Bismarck formulierten „Kaiser-
brief" übergeben, in dem es über die angestrebte Einheit aller
deutschen Fürstentümer heißt: „Ich habe mich zu deren Ver-
einigung in einer Hand in der Überzeugung bereit erklärt, daß
dadurch den Gesamtinteressen des deutschen Vaterlandes und
seiner verbündeten Fürsten entsprochen werde, zugleich aber in
dem Vertrauen, daß die dem Bundespräsidium nach der Verfassung zustehenden Rechte durch Wiederherstellung eines deutschen Reiches und der deutschen Kaiserwürde als Rechte
bezeichnet werden, welche Ew. Majestät im Namen des gesamten
deutschen Vaterlandes aufgrund der Einigung seiner Fürsten
ausüben".

Die Rechte, die Bayern mit dem Aufgehen im deutschen
Kaiserreich verlor, waren umfassend. Aber eines gab man nicht
auf: die Oberhoheit über das Bier. Allein schon, um den Staatshaushalt nicht zu gefährden. Die Biersteuer war, wie schon zu
Zeiten Wilhelms IV. oder später auch unter Kurfürst Maximilian,
zur wichtigsten Einnahmequelle des Staates geworden. Verständ-
lich, dass Bayern im Herbst 1870, beim Eintritt in den Norddeutschen Bund, darauf bestand, auch künftig alleine über die Erträge
der Biersteuer zu verfügen. Bei der Gründung des Deutschen
Reiches im Jahr 1871 wurde dieses „Reservatrecht" sogar in die
Reichsverfassung übernommen. So konnte Bayern mit den üppig
sprudelnden Einnahmen aus der Biersteuer auch unter dem Preu-

ßenkaiser einen großen Teil seines Staatshaushaltes bestreiten. Und dieser Anteil nahm stetig zu: 1913 trug die Biersteuer 35,8 Prozent zu den gesamten Steuereinnahmen bei.

An das „Reservatrecht" der Biersteuer war aber auch das Reinheitsgebot gekoppelt, das in Bayern, aber auch in Württemberg und Baden galt, obwohl für die Bierqualität eigentlich das Reich zuständig sein sollte. Als im Mai 1872 die Reichsregierung von diesem Recht Gebrauch machte und zum Bierbrauen auch Stärkemehl, Zucker, Sirup und Reis zuließ, da brauchte dies die Bayern nicht zu bekümmern – hier galt auch weiterhin das Gebot Wilhelms IV. Und dessen Grundsätze überzeugten letztlich auch den preußischen Wilhelm – Kaiser Wilhelm II. Er ließ am 12. Juni 1906 im Reichsgesetzblatt verkünden: „Wir Wilhelm, von Gnade Gottes Deutscher Kaiser, König von Preußen, verordnen im Namen des Reiches: Zur Bereitung von untergärigem Bier darf nur Gerstenmalz, Hopfen und Hefe verwendet werden".

Hätte man nach dieser Rezeptur Wilhelms gebraut, wäre es eine recht trockene Angelegenheit geworden, da in der Aufzählung ja das Wasser fehlt. Aber darüber wollten sich die Bayern damals sicher nicht beschweren. Man war froh und stolz, dass sich, fast 400 Jahre nach seiner Verkündung, das Reinheitsgebot im ganzen Deutschen Reich durchgesetzt hatte.

„Obwohl es warn ganz wenig,
sie ham gestürzt an König …"

… reimte ein wenig holprig der Münchner Volkssänger Weiß Ferdl auf den 7. November 1918, den Tag, an dem ausgerechnet auf der einst so monarchiebegeisterten Theresienwiese das Ende der bayerischen Monarchie ausgerufen wurde. Als die Revoluzzer und späteren Arbeiterräte von der Wiesn zurück in die Stadt

Die Münchner Bierhochburg „Mathäser" auf einem alten Stich

zogen, kamen sie an der Großgaststätte Mathäser vorbei. Und
dort sammelten sie sich, um über die Zukunft zu beratschlagen.

Um bei den endlosen Debatten nicht müde zu werden, ver-
dünnten sie das Weißbier mit Limonade. Ein neues, bis heute
beliebtes Getränk entstand: die Russnmaß. Die Münchner nann-
ten ihre Revolutionäre der Einfachheit halber nämlich „Russn".
Vielleicht haben die „Russn" bei ihren „Russnmaßen" ja auch
schon darüber räsoniert, wie es denn jetzt mit dem Bayerischen
Reinheitsgebot weitergehen könnte. Fest steht: Als sich 1918 das
Deutsche Reich als Republik neu formierte, da machte Bayern
erneut ein Verbleiben im Reichsverbund davon abhängig, dass
das Reinheitsgebot Gesetz bliebe. Erst in diesem turbulenten
Revolutionsjahr taucht erstmals auch der Begriff „Reinheitsgebot" auf.

Bayern setzte sich erneut durch. Auch die Weimarer Republik
übernahm das Reinheitsgebot. Und später in der Bundesrepub-

lik? Auch hier gilt das Reinheitsgebot Wilhelms IV. weiter. Es hat freilich eine Weile gedauert, bis sich die Vorschrift nach dem Zweiten Weltkrieg bundesweit durchsetzte. In den ersten Nachkriegsjahren durften die Brauer auch Kartoffelflocken, Zuckerrübenschnitzel, Hirse oder Zucker verwenden. In Bayern freilich nicht – da wachte Wilhelm IV.

Doch nach den Hunger- und Dünnbierjahren der Nachkriegszeit wurde bundesweit ein schlichter Satz im deutschen Biergesetz verankert: „Zur Bereitung von untergärigem Bier darf nur Gerstenmalz, Hopfen, Hefe und Wasser verwendet werden". Diese moderne Fassung des Bayerischen Reinheitsgebots galt bis 1987 nicht nur für deutsche Brauer, sondern auch für alle, die ihr Bier in der Bundesrepublik verkaufen wollten. Wer ein Getränk unter der Bezeichnung Bier auf den deutschen Markt bringen wollte, der musste es nach dem Biergesetz brauen. Aber dann, 450 Jahre nach dem Erlass des Reinheitsgebots, kamen in Brüssel die Wettbewerbshüter der EU ins Grübeln. Sie klagten die Bundesrepublik wegen einer „Behinderung des freien Warenverkehrs" an. Und da nutzte es nichts, dass man sich in Bonn auf den „vorbeugenden Gesundheitsschutz" berief, um das Reinheitsgebot zu retten. Deutschland musste zulassen, dass auch Biere ins Land kamen, die nicht nach dem Reinheitsgebot gebraut waren. In unseren Wirtschaf-

Weltrekord!

161

ten und Getränkemärkten hat sich das aber kaum ausgewirkt. Auf dem deutschen Biermarkt liegt der Anteil der Biere, die nicht dem Reinheitsgebot genügen, im Promillebereich. 1996 kam es dann zu einer Art Wiedergutmachung durch die Brüsseler Beamten. Sie schufen den Begriff des „Traditionellen Lebensmittels" für Speisen und Getränke, die nach überlieferten Rezepten und Verfahren hergestellt wurden. Und als einziges deutsches Lebensmittel wurde in diese Liste nach dem Reinheitsgebot gebrautes Bier aufgenommen.

JAMAS UND GAN BEI – EIN KLEINER AUSFLUG JENSEITS DER LANDESGRENZEN

Und das „Gan bei", die chinesische Art Prost zu sagen? Auch die hat ihre Berechtigung in einem Kapitel über die weitreichenden Auswirkungen des Reinheitsgebots. Selbst im fernen China findet man noch einen Nachhall von Wilhelms Verordnung. Zum einen, weil überall im Land die Chinesen auf ihre „Oktoberfeste" strö-

Der junge König Otto zieht in Athen ein – das Reinheitsgebot im Gepäck.

men. Bis zu vier Millionen sollen es auf den größten Bier-Festen Chinas sein, das reicht schon an das Münchner Original heran. Und mit dabei sind dann oft bayerische Brauereien und Wirtsfamilien, die natürlich ihr – nach dem Reinheitsgebot gebrautes – Bier mit im Gepäck haben. Und zum anderen, weil die Hanns-Seidel-Stiftung der

Weiß-Blau – das Wappen König Ottos

Das griechische Wort für Prost, „Jamas", erinnert ein wenig an das bayerische „Jessas", einen Seufzer der Verzweiflung. Den mag der junge Bayernprinz Otto, der zweitälteste Sohn von König Ludwig I., ausgerufen haben, als er, gerade 17 Jahre alt, König von Griechenland wurde. Nach Athen begleitete Otto auch der Jurist und Regentschaftsrat Karl von Abel. Und der setzte als eine der ersten Amtshandlungen der jungen griechischen Monarchie das Bayerische Reinheitsgebot in Kraft. Als einige Jahre später Johann Ludwig Fuchs, dessen Vater im Gefolge Ottos nach Athen gekommen war, eine kleine Brauerei eröffnete, da musste er sich schon an die dort festgelegten Vorschriften halten. Aus der Fuchs-Brauerei wurde später das Brauhaus Fix, lange die einzige Großbrauerei Griechenlands. Die Griechen übernahmen nicht nur das Bayerische Reinheitsgebot, sondern auch die bayerischen Farben Weiß und Blau.

163

CSU in der chinesischen Millionenstadt Wuhan seit vielen Jahren Brauer und Braumeister ausbildet. Allein der „Bierprofessor" Armin Winkler, der von Weihenstephan nach China abgestellt wurde, hat an der Brauereifachschule der Stiftung 5.000 Studenten ausgebildet. Sie alle haben dabei natürlich auch das Bayerische Reinheitsgebot kennengelernt – und nicht nur das: Der schlitzohrige Winkler brachte seinen Studenten immer auch ein paar Worte Bayerisch bei, ließ sie aber in dem Glauben, sie sprächen wunderbares Hochdeutsch. Daher konnte man im Labor der Lehr-

An Bord der Titanic gab es am 14. April 1912, dem Tag, an dem sie mit einem Eisberg zusammenstieß, ein ausgewähltes Mittagsmenü. Die Speisekarte blieb erhalten. Und sie zeigt: Auch Münchner Bier hatte es an Bord des Luxusdampfers geschafft. Als „Iced draught Munich Lager Beer" stand es auf der Karte.

Die Wiesn – auf chinesisch

Als Franz Josef Strauß zu DDR-Zeiten die Leipziger Messe besuchte, interessierte er sich vor allem für eines: „Wie hält es die DDR mit dem Reinheitsgebot des Biers?" Hätte sein Gegenüber aus der DDR wahrheitsgemäß und vollständig geantwortet, so hätte Strauß erfahren, dass in Ostdeutschland nicht nur Wasser, Hopfen und Malz zum Brauen zugelassen waren, sondern auch Gerstenrohfrucht, Reisgrieß, Maisgrieß, Zucker, Stärkecouleur, Natriumsacharin, Pepsinkonzentrat, Milchsäure, Salz, Tannin, Kieselgelpräparate und Ascorbinsäure. Diese Verordnung galt bis zur Wiedervereinigung am 3. Oktober 1990.

brauerei Sätze hören wie: „Li Yang, ge weida, bring amoi no zwoa Weißbier". Und als Antwort aus dem Mund des chinesischen Studenten: „Zwoa Weißbier? Bring I glei!"

Weltweit gibt es übrigens jedes Jahr rund 2.000 Oktoberfeste! Prost, Jamas und Gan bei!

... OHNE BIER KEIN BAYERN

Über Burghausen wacht die „längste Burg der Welt" und man muss einen Kilometer zwischen ihren Tuffsteinquadern wandern, bis man im innersten Hof auf die schwere Tür zur Schatzkammer stößt. Hinter ihr war einmal verborgen, was den Wittelsbacher Herzog und späteren Kurfürst Maximilian, den wir im Kapitel über das Weißbiermonopol bereits kennengelernt haben, zu einem der mächtigsten Männer Europas machte, in einer Zeit,

Burghausen: Europas längste Burg – Hort von Maximilians Schatz

in der Macht für Herrscher und Volk eine schiere Frage des Überlebens geworden war – nämlich während des Dreißigjährigen Krieges. In Burghausen lagerte, schwer bewacht hinter den uneinnehmbaren Mauern der Burg, der „Geheime Vorrat" Maximilians.

Der hatte als junger Mann von seinem finanziell hilflosen Vater zusammen mit dem Herzogtitel einen wahren Schuldenberg geerbt, der Bayern fast in den Bankrott getrieben hätte: 1,6 Millionen Gulden. 1612, als Maximilian seinen ersten Landtag einberief, war diese Schuldenlast getilgt, ja, wie Maximilians Biograph Kurt Pfister lobt, hatte er zudem auch noch 891.000 Gulden angespart. An dieser Schuldentilgung und den ersten Ersparnissen hatte das von Maximilian neu geschaffene Weißbier-Brauwesen noch wenig Anteil. Das änderte sich aber rasch, wie man etwa am Beispiel des Weißen Bräuhauses zu Kelheim sehen kann. Das war 1612 mit einem Anfangsverlust von 1.736 Gulden an den Start gegangen. Im Folgejahr machte es schon einen Gewinn von über 3.000 Gulden, zehn Jahre später wurden 30.000 Gulden Jahresgewinn an die Hofkasse überwiesen. Und Kelheim war ja nicht das einzige und auch nicht das wichtigste Weiße Brauhaus des Herzogs.

Die immer kräftiger sprudelnden Einnahmen aus dem Weißbiergeschäft muss man aufteilen. Zum einen in Gewinne, die direkt an die Staatskasse flossen, wie andere Steuern und Abgaben auch. Aus diesen Einnahmen wurde die allgemeine Verwaltung bezahlt und während des Dreißigjährigen Krieges ein nicht unerheblicher Teil der bayerischen Kriegskosten. Ein ganz wesentlicher Teil der Weißbiergewinne stand aber Maximilian zur persönlichen Verfügung. Karl Gattinger schreibt dazu in seiner Untersuchung über „Bier und Landesherrschaft": „Hinzu kommt die … so genannte propria cassa, die auch als Hausschatz oder Geheimer Vorrat bezeichnete Privatkasse des Landesherrn, deren Gebrauch seiner alleinigen Verfügung vorbehalten war. Die Einnahmen der zahlreichen und besonders gewinnbringenden Brauhäuser im Rentamt Straubing flossen komplett in diese Kasse".

Die „propria cassa", der Geheime Vorrat. Sie war es, die Maximilian zeitweise in der Festung Burghausen verwahrte und für seine persönlichen Ausgaben – die er aber selber eng begrenzte – nutzte. Der Hausschatz durfte nur zu Schutz und Rettung des Hauses Wittelsbach und zur Verteidigung des katholischen Glaubens verwendet werden.

Gattinger kommt „bei aller gebotener Vorsicht" auf die schwindelerregende Summe von 15 Millionen Gulden, die Maximilian während seiner 50-jährigen Regierungszeit aus den Weißen Brauhäusern des Rentamtes Straubing zuflossen. Die Bierprofite aus diesem Landesteil hatte sich Maximilian früh gesichert. Wenn man sich zurückerinnert, dass der Vater Maximilians mit seinen

Hofräten um die Anzahl der Trompeter bei Tisch streiten musste, dann sieht man, wie gewaltig der finanzielle Aufschwung war, den das Weißbiermonopol Maximilian und Bayern gebracht hatte. Und im Mai 1618 kam die Gelegenheit, diesen „Geheimen Vorrat" einzusetzen: die Verteidigung des katholischen Glaubens und der Schutz des Hauses Wittelsbach.

„Sie haben erst die Finger seiner Hand, mit der er sich festgehalten hat, bis aufs Blut zerschlagen und ihn durch das Fenster ohne Hut, im schwarzen samtenen Mantel hinab geworfen. Er ist auf die Erde gefallen, hat sich noch 8 Ellen tiefer in den Graben gewälzt und sich sehr mit dem Kopf in seinen schweren Mantel verwickelt".

Recht viel mehr ist Wilhelm Slavata und zwei weiteren kaiserlichen Räten nicht passiert, als sie am 23. Mai 1618 von aufgebrachten Vertretern der protestantischen Stände Böhmens aus einem Fenster der Prager Burg geworfen wurden. Aber der katholische Kaiser in Wien konnte das natürlich nicht hinnehmen. Und

Der Prager Fenstersturz – Beginn des Dreißigjährigen Kriegs

so gilt der Prager Fenstersturz als der Beginn des Dreißigjährigen Krieges, in dem von 1618 bis 1648 praktisch alle Nationen Europas gegeneinander kämpften. Die Spanier und die Dänen, die Franzosen und die Italiener, die Schweden, die Engländer, die Österreicher und die Deutschen, die Niederländer und die Polen – und mittendrin Bayern unter Maximilian. Dank seines „Geheimen Vorrats" wurde Maximilian zu einem der führenden Köpfe in diesem gewalttätigen europäischen Kräftemessen, in dem es – nicht nur – um den Konflikt zwischen Katholiken und Lutheranern ging. Schon 1609 hatte Maximilian als Gegenpol zur Protestantischen Union die „Katholische Liga" gegründet, der fast alle katholischen Kurfürstentümer, Städte und Bistümer Süddeutschlands angehörten.

Und als nach dem Prager Fenstersturz der Habsburger Kaiser eine Strafexpedition gegen Prag schickte, da waren es die Truppen Maximilians, seiner „Katholischen Liga", die unter dem bayerischen Feldherrn Johann T'Serclaes Graf von Tilly in der Schlacht am Weißen Berg die Protestanten besiegten. Kaiser Ferdinand II. belohnte seinen wichtigsten Streiter fürstlich. Am 25. Februar 1623 ernannte er Herzog Maximilian im Rittersaal der Reichsstadt Regensburg zum Kurfürsten. Lange hatten die bayerischen Wittelsbacher um diesen Rang gekämpft. In seiner Wallenstein-Biographie vermutet Golo Mann sogar, dass Maximilian die Verleihung des Titels zur Voraussetzung für den Eintritt der Liga-Truppen in den großen Krieg gemacht habe. Und noch etwas steht bei Golo Mann: „Bis über die Ohren verschuldet dem Herzog von Bayern", so beschreibt er die finanzielle Situation des Kaisers. Maximilian lieh dem Kaiser das Geld aus der, dank des Weißbiers stets gut gefüllten, „propria cassa" – nicht ohne Hintergedanken. Als Pfand ließ er sich alle künftig noch zu erobernden protestantischen Lande überschreiben. 1628 kam der Moment, an dem er den Kaiser an diese Abmachung erinnern konnte.

Und dem Kaiser blieb nichts anderes übrig, als das verpfände-
te Wort zu halten. Er brauchte Maximilian und seine Katholische
Liga noch in dem anhaltenden Völkerringen. Und so hieß es
schon bald:

„Die Oberpfaltz ist außgekoehrt / Dem Beyrfuersten hat sie
geschwoert, / Aus keyserlichen hoechsten gwalt"

Was war passiert? Die Oberpfalz hatte 300 Jahre zur kurpfälzischen
Linie der Wittelsbacher gehört, zuletzt regiert von Friedrich V. als
„Winterkönig", der kurz auch böhmischer König gewesen war. Als
die Truppen von Maximilians Katholischer Liga Friedrich V. be-

Maximilian I. gründet die
Katholische Liga.

siegten und 1621 in die Oberpfalz einmarschierten, ließ sich der
bayerische Herzog vom Kaiser umgehend als Kommissar einset-
zen. Einige Jahre später, 1628, kam das „Fürstentum der oberen
Pfalz" dann endgültig wieder zu Bayern. Damit erweiterte Bayern
nicht nur sein Territorium ganz erheblich, sondern auch sein wirtschaftliches Potenzial. Die Oberpfalz war das „Ruhrgebiet des Mittelalters", hier wurden große Mengen Eisenerz abgebaut und etwa
ein Sechstel der gesamteuropäischen Jahresproduktion an Eisen
produziert. Als Ersatz für 13 Millionen Gulden, die Maximilian
dem Habsburger Kaiser vorgestreckt hatte, bekam er nicht nur die
Kurwürde, sondern auch ein neues Staatsgebiet. Und beides sollte
sich 200 Jahre später äußerst segensreich für Bayern auswirken.

Maximilians Ernennung zum Kurfürsten

Maximilians Bayern herrschten in der Oberpfalz zunächst wie eine Besatzungsmacht. Und die bayerischen Richter, die im Gefolge des Militärs einrückten, vernahmen in Amberg hochnotpeinlich einen Dr. Brink, der in einem Brief geschrieben hatte, er hoffe, Maximilian werde durch Gott bald heimgesucht werden, da er „nicht deß kheisers sondern sein aignen nuzen, und ansehen suecht". Wir wissen nicht, was aus dem armen Dr. Brink in der Amberger Festung wurde – aber der Mann hatte wahre Worte niedergeschrieben. Maximilian suchte fünfzig Jahre lang nichts anderes, als Vorteil und Nutzen für sich und sein Bayernland. Und dass er dabei überaus erfolgreich war, verdankte er weitgehend seinem Braumonopol – den 15 Millionen Gulden, auf die Karl Gattinger die Einnahmen Maximilians aus dem Weißbiermonopol schätzt. Das schöne Geld ging für den endlosen Krieg drauf: Allein in den Jahren 1619 bis 1635 zahlten die bayerischen Landstände fast 32 Millionen Gulden in die Kriegskassen von Kaiser und Katholischer Liga. Ein großer Teil davon kam aus dem „Geheimen Vorrat" Maximilians. Nicht ohne Grund nannte der Papst Maximilian „eine eherne Mauer, die das Haus Gottes

172

HOCHSTIFT
BAMBERG

Kulmbach

Eger

Bayreuth

Bamberg

Vilseck

Sulzbach

REICHSSTADT
NÜRNBERG

Nürnberg

Ansbach

Reichsstadt
Regensburg

KÖNIGREICH BÖHMEN

Herzogtum
Neuburg

HERZOGTUM
NEUBURG

HOCHSTIFT
EICHSTÄTT

Regensburg

REICHSSTIFT
REGENSBURG

Straubing

Eichstätt

Herzogtum
Neuburg

Ingolstadt

HOCHSTIFT
PASSAU

Neuburg

Passau

HOCHSTIFT
AUGSBURG

Pfaffenhofen

KURFÜRSTENTUM BAYERN

Landshut

Fraunhofen

Grafschaft
Ortenburg

Reichsstadt
Augsburg

Hochstift
Freising

ERZHERZOGTUM
ÖSTERREICH

München

Wasserburg

Reichsstadt
Kaufbeuren

Salzburg

Tölz

Berchtes-
garden

ERZSTIFT
SALZBURG

Fürstprobstei
Berchtesgarden

Garmisch

Grafschaft
Werdenfels

GRAFSCHAFT TIROL

Karte des Kurfürstentums Bayern

173

aufs stärkste befestigt". Freilich – eines konnte diese Mauer nicht schützen: das eigene Volk. Bayern wurde von den schwedischen Truppen Gustav Adolfs verheert und geschändet. Als der Dreißigjährige Krieg im Jahr 1648 zu Ende ging, war die Einwohnerzahl Münchens von 24.000 auf 9.000 geschrumpft, in Landshut lebten statt 12.000 nur noch 2.500 Menschen und 900 Städte und Dörfer waren völlig vernichtet.

Andreas Gryphius, ein zeitgenössischer Dichter, klagte:

„Die Türme stehn in Glut, die Kirch ist umgekehret.
Das Rathaus liegt in Graus, die Starken sind zerhaun.
Die Jungfern sind geschänd't, und wo wir hin nur schaun
Ist Feuer Pest und Tod, das Herz und Geist durchfähret."

Aufs Fürchterlichste hatte sich ein Satz des katholischen Kaisers Ferdinand II. im, von den Religionskriegen ruinierten, Bayern bewahrheitet: „Besser eine Wüste als ein Land voller Ketzer".

Und doch ging Bayern aus den endlosen Metzeleien letztlich als historischer Sieger hervor. Bei allem Leid, dass der Dreißigjährige Krieg gebracht hatte – etwas war ja geblieben. Mit dem Geld aus der „propria cassa" hatte Maximilian seinem Land die Kurfürstenwürde und die Oberpfalz dauerhaft gesichert.

Etwas mehr als 150 Jahre später, als ein siegreicher Napoleon die Landkarten Europas neu zeichnete, waren das entscheidende Faktoren. 1805 ritten an der Seite des Korsen bayerische Regimenter in die Schlacht von Austerlitz – 30.000 Mann. Als Drei-Kaiser-Schlacht geht das Gefecht in die Geschichte ein, weil hier in Mähren Kaiser Napoleon den Habsburger Kaiser Franz I. und gleich noch mit dazu Zar Alexander I. besiegte. Nach diesem entscheidenden Sieg diktierte Napoleon seinem Schreiber: „Ich werde nun einen Frieden schließen, der unseren Alliierten Entschädigungen gibt". Damit war auch Bayern gemeint. Das

hatte 1803, im Reichsdeputationshauptschluss, seine linksrhei-
nischen Ländereien an Frankreich abtreten müssen und dafür
Teile Frankens und Schwabens erhalten. Nun dachte Napoleon
darüber nach, was er seinem Verbündeten Bayern nach der
Schlacht von Austerlitz Gutes tun könne. Und man muss sich
nun einmal vorstellen, Maximilian hätte mit seinen Weißbier-

Noch kurz vor Ende des Dreißigjährigen Krieges, 1647,
zeigte Maximilian, wie wichtig ihm das Weiße Brauwesen
war. Da zogen wieder einmal feindliche Truppen marodie-
rend durch Bayern. Auch Kelheim mit seinem, jetzt ja kurfürstlichen Weißbierhaus war bedroht. Und während rings-
um alles in Feuer und Blut unterging, ordnete Maximilian
an, dass wenigstens das Braugeschirr der Kelheimer und
die Malzvorräte der Brauerei gerettet werden sollten. Aus
dem kaum befestigten Kelheim sollte das Inventar des
Brauhauses umgesiedelt werden in die Festung Ingolstadt,
eine Trutzburg, an der sich vor Jahren selbst der Schwe-
denkönig Gustav Adolf die Zähne ausgebissen hatte. Auf
der Donau sollte der Transport vonstattengehen. In aller
Heimlichkeit wurde der „Preuvorrath" auf zwei Schiffs-
züge verladen und den Fluss hinauf getreidelt. Als wäre
es der Hochzeitszug eines Prinzen, gaben hundert Muske-
tiere den Kähnen das Geleit. Bemerkenswert in einer Zeit,
in der man jeden Mann für den Kampf gegen die feind-
lichen Armeen brauchte. Aber Maximilian wusste: Seine
Rolle als einflussreicher Kriegsherr konnte er nur spielen,
solange die Einnahmen aus dem Weißbiergeschäft seine
„propria cassa" immer wieder neu auffüllten.

einnahmen dem Land nicht die Kurfürstenwürde und nicht die Oberpfalz gesichert. Dann wäre Bayern jetzt, wo Europa neu geordnet wurde, wesentlich kleiner und politisch unbedeutender gewesen. Wer weiß, vielleicht hätte Napoleon dann aus dem Land ein Großherzogtum gemacht, wie Baden oder Luxemburg. Aber ein Kurfürstentum? Das konnte man nicht so einfach zum Herzogtum zurückstufen. Für ein Königreich wiederum war Bayern eigentlich ein bisschen zu klein. Aber das konnte Napoleon ja mit einem Federstrich ändern. Und im Frieden von Pressburg, geschlossen am 26. Dezember 1805, erhielt Bayern aus der Hand des Korsen ganz Tirol und Vorarlberg, die Markgrafschaft Burgau, die Reichsstadt Augsburg und das Gebiet um Lindau. Dazu noch Ansbach, Eichstätt und das Passauer Ilzland. Zusammen mit den fränkischen und schwäbischen Landesteilen, die schon 1803 neu dazu gekommen waren, hatte Bayern jetzt das Format eines Königreichs. Und Napoleon lieferte auch die Krone. Im Frieden von Pressburg wurde Kurfürst Maximilian IV. Joseph von Bayern befördert: zum „König Maximilian I. von Bayern". Napoleon selbst kam zur Krönung nach München, hängte dem Kronprinzen Ludwig den Degen um, den er in der Schlacht von Austerlitz getragen hatte, und war dabei, als am 1. Januar 1806 der Reichsherold die Erhebung Bayerns zum Königreich verkündete.

Auch der kaiserliche Generalissimus Albrecht Wenzel Eusebius von Wallenstein schätzte Weißbier. Mitten im Kampfgetümmel befahl er:
„Dieweil ich sonst nichts trinken kann, tue ich die Anordnung, auf daß für mich Weizenbier gebracht werde."

Ohne Bayern kein Bier – ohne Bier kein Bayern: Beides lässt sich belegen. Ohne Hofbräuhaus und Oktoberfest, ohne Biergartenverordnung und – natürlich – ohne das bayerische Reinheitsgebot von 1516 wäre das Bier nicht das volkstümliche, weltweit verbreitete Getränk, als das wir es heute kennen: ohne Bayern kein Bier.

Ohne das Reinheitsgebot hätte Maximilian, der große Wittelsbacher, nicht sein Weißbiermonopol errichten können. Und nur mit den Gewinnen aus diesem Monopol konnte Maximilian Bayern die Kurfürstenwürde und die Oberpfalz, das „Ruhrgebiet des Mittelalters" sichern. Ohne diesen Zuwachs an Territorium und Macht aber wäre Bayern vielleicht nicht Königreich geworden: ohne Bier kein Bayern.

Andere Völker haben sich ihr Königreich erobert oder erheiratet, die Bayern haben sich das ihre ertrunken. Und so führt ein direkter Weg vom Reinheitsgebot Wilhelms IV. zum Freistaat Bayern in seinen heutigen Grenzen.

KÖNIGLICH BAYERISCHES BIER
von Luitpold Prinz von Bayern

Wie wir erfahren haben, besaß das Haus Wittelsbach seit 1292 durchgehend eine Vielzahl von Brauereien und beeinflusste im Lauf der Jahrhunderte das Brauwesen in Bayern darüber hinaus durch seine Gesetzgebung und durch die Förderung der Wissenschaft, aber auch durch seine großen Feste. Das Wichtigste ist jedoch, dass diese Tradition bis heute weiterlebt: Die Linie der Herzöge in Bayern betreibt das herzogliche Brauhaus Tegernsee und ich, Prinz Luitpold von Bayern, die König Ludwig Schlossbrauerei Kaltenberg. Auf deren Entwicklung soll hier näher eingegangen werden.

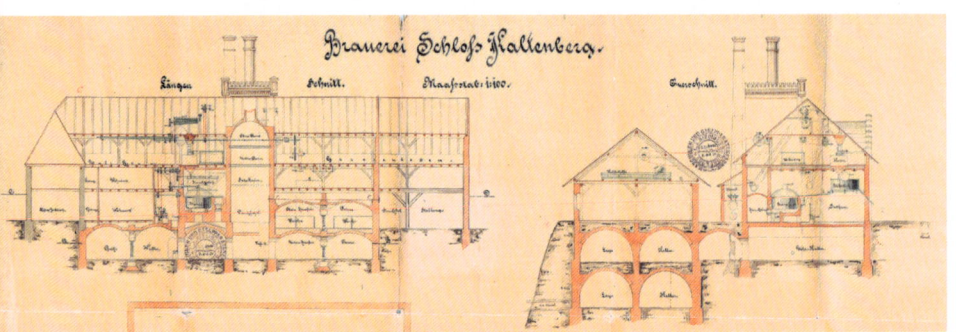

**Schloss Kaltenberg – Sitz der Schlossbrauerei Kaltenberg,
Gemälde von Lorenzo Quaglio und Bauplan**

Schloss Kaltenberg wurde 1292 vom bayerischen Herzog
Rudolf I., dem Stammesvater aller heute lebenden Wittelsbacher, erbaut. Das Schloss wurde in seiner Geschichte zweimal
zerstört, es beherbergte schon vor 1500 eine Gaststätte und seit
1871 eine Brauerei.

178

Diese Brauerei wurde 1955 von Prinz Heinrich von Bayern und seiner Schwester Prinzessin Irmingard erworben. Nach dem Unfalltod von Prinz Heinrich im Jahr 1958 ging dessen Anteil an mich als Sohn von Prinzessin Irmingard und Prinz Ludwig von Bayern über.

Mein Vater Prinz Ludwig führte die Brauerei bis 1975 als traditionelle und gastronomiestarke Landbrauerei. 1976 übernahm ich die Geschäftsführung und überarbeitete das Markenbild.

In Erinnerung an die königliche Brautradition der Familie wurden die Biere als „königlich bayerisches Bier" zusammen-

Prinz Heinrich,
der Brauerei-
besitzer 1955

Prinz Ludwig und Prinzessin Irmingard

gefasst, dazu wurden als Erinnerung an unsere Vorfahren „König Ludwig Dunkel" und „Prinzregent Luitpold Weißbier" als Spezialitäten ins Leben gerufen.

Die Vision war klar: „Kaltenberg Königlich Bayerisches Bier" sollte dem internationalen Ruf des bayerischen Biers folgend in die Welt getragen werden. Im Heimatmarkt wurde an die Tradition der beiden Wittelsbacher Brauarten angeknüpft: „König Ludwig Dunkel" sollte die große Ära bayerischer dunkler untergäriger Biere wieder aufleben lassen. Und für das Weißbier in der Tradition der Weißbier-Brauhäuser musste eine Heimat gefunden werden.

1980 war es dann soweit: Kaltenberg konnte vom Erzbischöflichen Ordinariat die Marthabrauerei in Fürstenfeldbruck erwerben. Interessanterweise hatte diese Brauerei zwischen 1850 und 1871 bereits Kaltenberg beliefert. Die Braustätte in Fürstenfeldbruck sollte sich als perfekter Standort für den Großraum München/Augsburg erweisen. Nun konnte mit dem „Prinzregent Luitpold Weißbier" von hier aus dieses Segment in Angriff genommen werden.

Allerdings kam es sofort zu erheblichen Auseinandersetzungen mit Wettbewerbern im Markenrecht: „König Ludwig Dunkel" musste sich gegen „König Pilsener" durchkämpfen und „Prinzregent Luitpold" gegen die Oetker-Gruppe mit „Prinz Bräu" und „Regent". Nicht zuletzt wurde auch über ein Jahrzehnt lang um den Begriff „Königlich Bayerische Weiße" gestritten.

Vor allem die Bewerbung um ein Zelt auf dem Münchner Oktoberfest brachte den Verein Münchner Brauereien und die Stadtverwaltung in München in helle Aufregung: „Da kannt ja a jeder kommen", sagte der damalige Zweite Bürgermeister Winfried Zehetmeier.

„König Ludwig" im ehemaligen Marthabräu in Fürstenfeldbruck

Als ich dann eine transportable Hausbrauerei entwickelte und deren Firmensitz in München anmeldete, war ich im Irrglauben, die Stadt würde sich über die Idee freuen. Ich schloss eine Wette gegen Herrn Soltmann, damals Geschäftsführender Gesellschafter der Spatenbrauerei, ab: Ich wollte innerhalb von fünf Jahren eine Zulassung auf der Wiesn mit eigenem Zelt erwirken. Der Verlierer der Wette hatte mit einer vollen Maß Bier von Kaltenberg zum Schottenhamelzelt oder umgekehrt zu marschieren.

Ich verlor die Wette. Als ich im Jahr 1987 in Begleitung befreundeter Vereine zum Marsch aufbrechen wollte, entstand in München Panik und ich musste den Marsch offiziell als Demonstration anmelden. Drei Landratsämter und etwa zwanzig weitere beteiligte Ämter erteilten uns die Genehmigung, mit vier Festgespannen und tausend Mann auf festgelegten Wegen und mit Polizeibegleitung bis zum Schottenhamelzelt zu ziehen. Man hegte aber wohl die Hoffnung, wir würden unser Ziel ohnehin nie erreichen. Je näher wir jedoch der Wiesn kamen, umso nervöser telefonierten die uns begleitenden Polizisten.

Marsch auf die Wiesn im Jahr 1987

Das Bräustüberl der Schlossbrauerei Kaltenberg

Endlich erreichten wir den Haupteingang, wo wir vom Fremdenverkehrsverband mit Hinweis auf sein Hausrecht gestoppt wurden. Erst nach hitzigen Verhandlungen und unserer Androhung, den Zugang per einstweiliger Verfügung zu erwirken, wurde schließlich eingelenkt. Erstaunlicherweise erwartete uns dann vor dem Schottenhamelzelt ein Münchner Kindl auf einem Brauerei-Ross zur Begrüßung.

Ein alter Spruch sagt, Bier braucht Heimat. Ein von einer königlichen Familie bewohntes Schloss mit einer traditionellen Brauerei in tiefen Kellern ist dazu natürlich in besonderer Weise geeignet. Daher entwickelten wir unseren Heimatbeweis konsequent weiter: Zu unserem im neugotischen Stil eingerichteten Bräustüberl entstand vor dem Schloss ein großer Biergarten.

Schließlich wurde 1980 das Kaltenberger Ritterturnier als erstes Ritterturnier der Neuzeit ins Leben gerufen. Heute ist es das größte Ritterturnier der Welt mit eigener Arena. Für die Besucher stehen fast 10.000 Sitzplätze zur Verfügung, seit 2015 sind davon 3.500 überdacht. Die ehemaligen landwirtschaft-

183

In der Nachfolge Wilhelms IV. – Ritterturnier auf Schloss
Kaltenberg. Oben: Die Arena – endlich überdacht

lichen Gebäude wurden zur Ritterschwemme umgebaut, einem
Hort traditionell bayerischer Gastronomie. Das Bräustüberl
pflegt Bierkultur und bietet Essen der Königlich Bayerischen
Hofküche neu interpretiert.

Schloss Kaltenberg wurde zunehmend zu einem weit über die
Region hinaus bekannten Veranstaltungsort. In den Jahren von
1980 bis 2001 wuchs die Brauerei stetig und wurde mit „König
Ludwig Dunkel" Marktführer für dunkles Bier in Deutschland.
Auch die Braustätte Fürstenfeldbruck entwickelte sich wie geplant
zu einer perfekten Weißbierbrauerei.

2001 entschieden wir uns, die Brauerei für die Zukunft neu auszurichten. Wir teilten das Unternehmen in zwei unterschiedliche Bereiche: in „König Ludwig International", dort hält meine Familie alle Marken und Rezepte der Biere, und in die „König Ludwig Schlossbrauerei Kaltenberg". Bei diesem Unternehmen nahmen wir die Privatbrauerei Warsteiner als 50-Prozent-Partner auf und steuern seither unsere Produkte und Marken über die „König Ludwig International". Konsequenterweise benannten wir die Weißbiermarke in „König Ludwig Weißbier" um.

In der Folge konnten wir mit der Oberbräu in Holzkirchen noch einen für helles Bier renommierten Brauereistandort erwerben. Diese Brauerei etablierten wir als Brauerei für „König Ludwig Hell", da das bayerische Oberland für helle Biere berühmt ist. Die König Ludwig Schlossbrauerei Kaltenberg ist heute eine der führenden Spezialitätenbrauereien in Bayern und lässt durch eine Vielzahl von Festen und Sponsoring-Aktivitäten vor allem im Wintersport von sich hören.

Gipfelstürmer König Ludwig Schloßbrauerei Kaltenberg – beim Errichten des höchsten Maibaums der Welt auf der Zugspitze

Parallel dazu bearbeite ich verstärkt die Internationalisierung unseres Unternehmens. Unter strenger Einhaltung des Bayerischen Reinheitsgebots, aber auch in Verantwortung für die Umwelt, produzieren wir in zunehmendem Maß über Lizenzverträge mit unabhängigen Privatbrauereien „Kaltenberg Königlich Bayerisches Bier", „König Ludwig Dunkel" und „König Ludwig Weißbier" in vielen Teilen der Welt.

Wir reduzieren damit die CO_2-Belastung durch den Transport und bringen mit hochwertiger bayerischer Brauereitechnologie unser Brau-Know-how und unsere Markenwelt in ferne Länder.

„Kaltenberg" und „König Ludwig Weißbier" werden heute außerhalb von Deutschland in 15 weiteren Ländern unter unserer strengen Kontrolle gebraut.

Damit können wir dieses Jahr in allen diesen Ländern gemeinsam 500 Jahre Bayerisches Reinheitsgebot feiern und das immer mit einer Maß frischen Biers, die ganz in der Nähe, streng nach

Was dem Engländer seine Burg ist, ist einem Bayern-Prinz seine Brauerei.

**Oben: 500 Jahre
Bayerisches
Reinheitsgebot
– und immer
noch gut behütet**

**Unten: Das
Reinheitsgebot
in der Mongolei
– unterschrifts-
reif**

Rezeptur gebraut wurde. Genauso ließ schon vor 400 Jahren Kurfürst
Maximilian sein Weißbier in einer Vielzahl kurfürstlicher Brauereien
herstellen. Bewährte Geschäftsmodelle gelten bekanntlich über Jahrhunderte hinweg.

GLOSSAR
Maße, Gewichte und Währungen

Eimer
Ein Eimer entspricht 60 Maß zu 1,069 Litern, also etwa 64 Litern.

Fuder
Diese Maßeinheit wird abgeleitet von der Fuhre. Je nach Region verstand man darunter 800 bis 1.800 Liter. Verbreitet war die Umrechnung: Eine Fuhre enthält zwölf Eimer – man kommt dann auf knapp 800 Liter.

Gulden
Der Gulden wird üblicherweise mit „fl" abgekürzt, denn ursprünglich war damit eine Goldmünze aus Florenz gemeint, die als Florin in ganz Europa kursierte. In Deutschland setzte sich aber schnell der Begriff Gulden durch, abgeleitet vom „guldin pfennic".
Je nach Zeit und Region unterscheiden sich die Umrechnungskurse für den Gulden zum Euro ganz beträchtlich. Es gab ja Gold- und Silbergulden, dazu auch noch den Rechnungsgulden. Um das Jahr 1700 soll ein Gulden eine Kaufkraft von 40 bis 50 Euro gehabt haben. Um die Mitte des 18. Jahrhunderts musste ein Arbeiter für einen Gulden drei Tage lang werkeln – zu je dreizehneinhalb Stunden. Für die 3,07 Gramm Gold, die ursprünglich in einem Goldgulden steckten, bekäme man Anfang 2016 etwa 100 Euro.

Heller
Der Wert des Hellers lag im Allgemeinen bei einem halben Pfennig.
Er war in vielen Reichsgebieten die kleinste Münze, was sich in Liedern wie „Ein Heller und ein Batzen" oder der Redensart „Keinen roten Heller haben" niederschlug. In Bayern galten die Heller noch lange nach der Reichsgründung, als in allen anderen Landesteilen schon mit Mark und Pfennig gerechnet wurde. Im Königreich Bayern waren Heller fast bis zum Ende des 19. Jahrhunderts als Halbpfennig-Münzen im Umlauf.

Hemina
Das alte römische Flüssigkeitsmaß Hemina fasste 271,11 Kubikzentimeter, entsprach also etwas mehr als einem Viertel Wein.

Kopf
Der Kopf war ein halbkugelförmiges Flüssigkeitsmaß, der Begriff stammt ursprünglich aus der Schweiz. Dort gab es wieder komplizierte Berechnungen: In Zürich etwa wurde ein Kopf in zwei Maß oder acht Schoppen geteilt. Aber für die sogenannte „lautere Maß" galt ein anderer Wert als für die „trübe Maß". Die Bayern machten es sich einfacher: Ein Kopf fasste etwas weniger als eine Maß Bier.

Maß
Die alte bayerische Maß entsprach nicht einem Liter, sondern 1,069 Litern.

Mutt
Der bayerische Sprachwissenschaftler Johann Andreas Schmeller
(1785–1852) schreibt in seinem Wörterbuch: „Die Mutt war als Maß für
Getreide nach den Gegenden sehr verschieden". Legt sich dann aber doch
fest: 1 Mutt enthält 4 Scheffel oder 24 Metzen – das entspräche dann etwa
1.332 Litern. Man kann aber auch die folgende schöne Definition finden:
„Die Mutt hat vier Viertel, das Viertel 4 Vierling oder 16 Mäßli".

Noagerl
Altbayerischer Ausdruck für den – meist schon schalen – Rest in einem
Maßkrug oder Bierglas. (Davon abgeleitet ist der Noagerlzuzzler, der durch
die Biergärten schleicht und sich die abgestandenen Reste in verlassenen
Maßkrügen einverleibt.)

Pfennig
Der Pfennig lässt sich zurückführen auf Karl den Großen. Dieser wurde im
Jahr 800 zum Kaiser gekrönt. In seiner Regierungszeit wurden aus einem
Pfund Silber 270 Münzen geschlagen, die zunächst als Denarius unter die
Leute kamen, im deutschen Sprachraum aber schnell als Pfennig umgingen.
Der Pfennig war bis zur Einführung des Euro die langlebigste Währungsein-
heit auf deutschem Gebiet. In Bayern kursierten vor allem die Münchner
und die Regensburger Pfennige. Kleinere Geldbeträge wurden gezählt,
größere gewogen, daher taucht auch immer wieder der Begriff „Pfund Pfennige" auf. Und eine Mark, das waren ursprünglich einmal ein halbes Pfund
Pfennige. Der Wert des Pfennigs variierte je nach Region und Zeit so stark,
dass man kaum einen Gegenwert angeben kann. In Bayern setzte sich schließlich der Gulden durch, der in 60 Kreuzer unterteilt war. Ein Kreuzer
entsprach vier Pfennigen und ein Pfennig zwei Hellern. 1324 kostete ein
Huhn zwei Pfennige, 1395 bereits acht.

Scheffel
Wer vor der Einführung des modernen Dezimalsystems für Maße und
Gewichte sein „Licht unter den Scheffel" stellen wollte, hatte eine gewaltige
Auswahl: In Altona bei Hamburg fasste ein Scheffel 17 Liter, in Braun-
schweig 310. Eine Umrechnungstabelle für das Mittelalter berechnet den
Scheffel mit 4,05 Ankern oder 0,11 Eimern, was 0,6 Fässern gleich 4,48
Himpen entspricht. Und selbst in Bayern galten unterschiedliche Maße. In
München kamen auf den Scheffel 222 Liter, im nahegelegenen Pfaffenhofen
waren es 131.

LITERATURVERZEICHNIS

DIETER ALBRECHT: Maximilian von Bayern 1573–1651, München 1998

GÜNTER ALBRECHT: Königliche Braukunst, Rosenheim 2006

ASTRID ASSÉL, CHRISTIAN HUBER: München und das Bier, München 2012

KARL-LUDWIG AY: Altbayern von 1180 bis 1550, München 1977

KARL-LUDWIG AY: Land und Fürst im alten Bayern, Regensburg 1988

RICHARD BAUER, EVA GRAF (HRSG.): Zu Gast im alten München, München 1996

ADALBERT VON BAYERN: Die Wittelsbacher – Geschichte unserer Familie, München 1980

GUNTER DEHNE: Bier und Hopfen im Bild, Nürnberg 1986

FLORIAN DERING, URSULA EYMOLD: Bier + Oktoberfest Museum München, München 2007

ERNST VON DESTOUCHES: Das Münchner Oktoberfest 1810–1910, München 1910

BIRGIT ECKELT: Biergeschichte(n), Rosenheim 2000

AUGUST EDELMANN: Münchner Bier-Chronik, München 1888

ROBERT GASTEIGER, WILHELM LIEBHART: Braukunst und Brauereien im Dachauer Land, Dachau 2009

KARL GATTINGER: Bier und Landesherrschaft, München 2007

DORLE GRIBL: So lebte man im Isartal, München 2008

RUDOLF HARTBRUNNER: Münchner Zeitensprünge, hartbrunner.de

MICHAEL HÖCHSTETTER: Aus dem Betrieb einer kleinen Landbrauerei um das Jahr 1875, Jahrbuch für die Geschichte und Bibliographie des Brauwesens, 1936

G.W.L. HOPFF: Bier, Zweibrücken 1846

GERALD HUBER (HRSG.): Bayern genießen: Bier, München 2013

FRED KLINGER: Braugewerbe und Braukunst mitten in Bayern, Ingolstadt 1997

HEINRICH LETZING: Die Geschichte des Bierbrauwesens der Wittelsbacher, Augsburg 1995

HEINRICH LETZING, MARGARETA SCHNEIDER, UMBERTA ANDREA SIMONIS: Weißbierlust, Kelheim 1998

GOLO MANN: Wallenstein, Frankfurt am Main 1974

GERDA MÖHLER: Das Münchner Oktoberfest, München 1985

HELMUT RANKL: Staatshaushalt, Stände und „Gemeiner Nutzen" in Bayern 1500–1516, München 1976

PAUL ERNST RATTELMÜLLER: Pompe Funebre, München 1974

HANS UND MARGA ROLL: Die Wittelsbacher in Lebensbildern, Regensburg 1986

BENNO SCHARL: Beschreibung der Braunbier-Brauerey im Königreiche Baiern, München 1814

MATTHIAS SCHÖBERL: Vom pfälzischen Teilstaat zum bayerischen Staatenteil. Landesherrliche Durchdringungs- und Religionspolitik kurpfälzischer und kurbayerischer Herrschaft in der Oberen Pfalz von 1595 bis 1648, Dissertation, Universität Regensburg 2006

ANDREAS STAUDT: Von der Wasseranalyse zum Brauwasser, Braumagazin, Berlin Frühjahr 2015

MICHAEL STEPHAN (HRSG.): Die staatliche Finanzkontrolle in Bayern vom Mittelalter bis zur Gegenwart, München 2004

BILDNACHWEIS

AKG-images: 50 re, 172; Archiv Pfarrei St. Peter, München: 103 (aus: ASP vorl. Nr. 4727: Corporis Christi Fraternitas, Liber Cimeliorum No. 2 «Omnes Reges», Lfzt: 1645-1990, Abbildung des Wappens von Kurfürst Maximilian I. von Bayern); Bayerisches Hauptstaatsarchiv: 119 (BayHStA, MH 6384); Bayerisches Landesamt für Denkmalpflege: 109 o; Bayerisches Nationalmuseum: 96 (Foto: Isabel Mühlhaus); Bayerische Staatsbibliothek München: 50 li (Cgm1951, fol. 166), 60 (Res/2 Bavar. 500, Bl. XXXVI verso), 113 (Kloeckeliana 17#Beibd.14.); Bbb: 138; Bier- und Oktoberfestmuseum, München: 30, 47; Bob Blaylock: 84; Bokelberg.com, Hamburg: 100; bpk - Bildagentur für Kunst, Kultur und Geschichte, Berlin: 122, 168; Bräustüberl Tegernsee - Peter Hubert GmbH & Co. KG: 148 (Foto: Barbara Schwarz); Braun & Schneider: Oberländer Album. München, 1890: 131; Hannes Burger: 350 Jahre Paulaner-Salvator-Thomasbräu AG 1634-1984. München, 1984: 155; Demidow: 15; Deutscher Brauer-Bund, Berlin: 13, 23, 24; dpa Picture-Alliance GmbH, Frankfurt/Main: 164; Edith-Haberland-Wagner-Stiftung, München: 81 re; Hannes Heindl, Freising: 163; © Sead Husic: 187 o; Franz Joseph Huber's Kunstverlag, München: 127 u, 133; Die Freien Brauer: 83 re; Die Gartenlaube, Ernst Keil Verlag, 1864: 73; Germanisches Nationalmuseum, Nürnberg: 16; Evelin Heckhorn/Hartmut Wiehr: München und sein Bier. Vom Brauhandwerk zur Bierindustrie, München, 1989: 120; Holledauer: 72 li; Kaltenberg Castle Brewery GmbH, Geltendorf: 36; Alexander Koch, Ingolstadt: 54, 55; König Ludwig GmbH & Co. KG Schloßbrauerei Kaltenberg, Fürstenfeldbruck: Umschlagrückseite, 124, 181; König Ludwig International GmbH & Co. KG, Geltendorf: 187 u; LuckyStarr: 72 re; Bayerische Verwaltung der staatlichen Schlösser, Gärten und Seen, Nymphenburg, Marstallmuseum: 128/129; Max Megele: Baugeschichtlicher Atlas der Landeshauptstadt München. München, 1951: 117; Münchner Stadtmuseum: 6, 46, 118, 127 o, 134/135, 140, 144, 161; Museum der Brotkultur, Ulm: 81 li; Otto König von Griechenland Museum der Gemeinde Ottobrunn: 162; Franz von Pocci: Der Staatshämorroidarius. München, 1857: 146; Privatbesitz: 26, 179, 180, 182, 185; Rasbak: 68; Anton Renner: 147; Ritterturnier Kaltenberg Veranstaltungs-GmbH, Geltendorf: 184 o, 184 u; Schloss Kaltenberg Gastronomie GmbH & Co KG, Geltendorf: 183; Schloss Kaltenberg Königliche Holding und Lizenz KG, Geltendorf: Titel, 51, 52, 178 o, 186; Shutterstock: 166; Stadtarchiv München: 121 (C1878051), 143 (Pett2 1708), 160 (PkStb 01648), 178 u; Stadtmuseum Ingolstadt: 53; Stadt Weißensee: 45; Stefan Stegemann: 71; Stiftung Maximilianeum, München: 170/171, Volk Verlag: 78, 109 u, 173; Wissenschaftliche Buchgesellschaft, Darmstadt: 83 li; www.biolib.de: 39, 64; Zentralbibliothek Zürich: 41